あなたのかわりに働く
SE▶Navi

水田でも畑でも大活躍！
簡単操作でまっすぐ精確作業

アドオン型で低コスト — 既存の機械に後付けでき、低コストで導入可能

超低速対応 — 0.1km/h からスタートが可能

簡単操作 — シンプル設計で操作が簡単

（株）農業情報設計社との共同開発

製品動画はこちら

三菱農機販売株式会社 北海道支社 〒066-0077　北海道千歳市上長都1046番地

夢ある農業応援団　　　　　　　　　人と大地のハーモニー **ISEKI**

可変施肥仕様の さなえ N•P 80 で
省力・低コスト農業を強力にバックアップ！

**植付けしながら
2つのセンサでほ場を測定**

▼

**施肥量を自動で制御し
・品質安定
・倒伏解消 をサポート！**

ISEKI 井関農機株式会社
東京都荒川区西日暮里5丁目3番14号

☆可変施肥田植機について
　詳しくはコチラ！

スマート農業の現場実装と未来の姿

監修 野口 伸

北海道協同組合通信社・ニューカントリー編集部

監修のことば

野口 伸
北海道大学大学院農学研究院
副研究院長・教授

　ICTを活用した営農システムである「スマート農業」が急速な進展を遂げている。スマート農業モデルの構築は、日本政府の科学技術政策の重点目標である「Society 5.0」の農業分野における実現を意味する。

　ここでSociety 5.0について少し説明しておこう。Society 5.0は狩猟社会（Society 1.0）、農耕社会（Society 2.0）、工業社会（Society 3.0）、情報社会（Society 4.0）に続く新たな社会を指すもので、サイバー（仮想）空間とフィジカル（現実）空間を高度に融合させた人間中心の豊かな社会を意味する。

　われわれの農業は作業を行うことで作物を育て収穫・販売するといった「現実空間」における営みである。しかし農業は自然と対峙（たいじ）しながら生産を行う難しい業種であるため、個人が長い年数をかけて身に付けた経験と勘が必要不可欠である。しかし日本農業は近年農業従事者の減少と高齢化が急速な勢いで進んでおり、1日も早くこの経験と勘に基づく農法からデータを活用したスマート農業に転換しなければならない。そのためには今まで人が五感で検知していたさまざまな情報を数値化されたデータとして収集する必要がある。このデータをサーバーに集約して解析し、営農に役立つ情報に変換して農家に提供する。このサーバーでの情報処理が「仮想空間」における作業である。

　この仮想空間で生成された情報を農家が活用して農作業を行う、ここでまた「現実空間」に戻る。このようなスマート農業は「仮想空間」と「現実空間」を融合しており、まさにSociety 5.0ということになる。これを実現させる上で必要となるコア技術がIoT（モノのインターネット）、ビッグデータ、AI（人工知能）、そしてロボットである。

　本書は2015年に出版した「ICTを活用した営農システム〜次世代農業を引き寄せる〜」の後継として発刊するものである。このスマート農業技術は日進月歩で、4年前とは隔世の感すら覚える技術変革である。例えば、前書はガイダンスシステム、オートステアリングシステムが主流だったが、今回はロボットである。また、内閣府のSIP（戦略的イノベーション創造プログラム）「次世代農林水産業創造技術」でも画期的な技術が数多く開発され、現場実装が始まった。本書は入門編、事例編、研究編の3部構成として、さまざまな読者層に受け入れてもらえるよう配慮した。入門編では農業データ連携基盤（WAGRI）、IoT、ビッグデータ、AIなどスマート農業のコア技術が分かりやすく解説されている。事例編では「基盤技術」「営農支援システム」「稲作」「畑作」に分類し、すでに実用化された技術を中心に企業技術者、試験研究機関の専門家に執筆いただいた。さらに研究編では、近い将来実用化される夢の技術が平易に解説されている。

　執筆者は第一線で活躍している日本を代表する専門家ばかりである。学識豊富な執筆者による記事を集めた情報誌は過去に少なく、監修者として自信をもって薦められる一冊である。この"スマート農業のバイブル"というべき本書が読者の皆さんの今後の営農や農業関連業務に役立ち、ひいては強い日本農業の形成の一助になれば望外の喜びである。

執筆者一覧 （掲載順・敬称略）

野口	伸	北海道大学大学院農学研究院副研究院長・教授
神成	淳司	慶應義塾大学環境情報学部教授
永吉	敬太	マゼランシステムズジャパン㈱開発部
深津	時広	農研機構農業技術革新工学研究センター高度作業支援システム研究領域上級研究員
平藤	雅之	東京大学大学院農学生命科学研究科特任教授／ドリームサイエスホールディングス㈱代表
郭	威	東京大学大学院農学生命科学研究科助教
元林	浩太	農研機構知的財産部国際標準化推進室長
鮫島	良次	北海道大学大学院農学研究院教授
岡本	博史	北海道大学大学院農学研究院准教授
吉田	剛	㈱トプコンスマートインフラ事業本部IT農業推進部
熊谷	薫	㈱トプコン製品開発本部
横山	和寿	ヤンマーアグリ㈱開発統括部開発企画部企画グループ主幹
各務	友規	㈱日本総合研究所創発戦略センターマネジャー
八木	栄一	パワーアシストインターナショナル㈱代表取締役／和歌山大学名誉教授
井上	吉雄	東京大学大学院工学系研究科特任研究員
輪島	章司	富士通㈱スマートアグリカルチャー事業本部Akisai事業部Akisaiビジネス部長
長網	宏尚	㈱クボタ機械事業推進部IoT推進室長
執行	宗司	㈱クボタ機械事業推進部IoT推進室
中川	博視	農研機構農業環境変動研究センター気候変動対応研究領域温暖化適応策ユニット長
松下	響	トヨタ自動車㈱アグリバイオ事業部農業支援室豊作計画事業グループ主幹
西口	修	㈱日立ソリューションズビジネスコラボレーション本部企画部チーフアドバイザー
南部	雄二	（一財）北海道農業近代化技術研究センター常務理事・札幌支所長
吉田	和正	㈱クボタ移植機技術部管理チーム長
山田	祐一	農研機構農業技術革新工学研究センター次世代コア技術研究領域自律移動体ユニット主任研究員
加藤	哲	井関農機㈱開発製造本部移植技術部参事
森本	英嗣	鳥取大学農学部准教授
林	壮太郎	㈱クボタ収穫機技術部第三開発室S8チーム
坂田	賢	農研機構農村工学研究部門農地基盤工学研究領域水田整備ユニット上級研究員
若杉	晃介	農研機構本部企画戦略本部上級研究員
境谷	栄二	青森県産業技術センター農林総合研究所農業ICT開発部長
原	圭祐	道総研十勝農業試験場研究部生産システムグループ主査
杉川	陽一	道総研中央農業試験場農業環境部栽培環境グループ研究主任
石本	政男	農研機構次世代作物開発研究センター基盤研究領域長
菅原	幸治	農研機構農業技術革新工学研究センター高度作業支援システム研究領域上級研究員
長﨑	裕司	農研機構本部企画戦略本部研究推進部研究推進総括課セグメント第1チーム長

目 次

監修のことば ……………………………………………………………… 6
執筆者一覧 ………………………………………………………………… 7
スマート農業の現場実装と未来の姿 …………………………………… 10

Ⅰ部　入門編

農業データ連携基盤（WAGRI） ……………………………………… 14
衛星測位システム（GNSS） …………………………………………… 19
農業 IoT …………………………………………………………………… 26
農業ビッグデータ ………………………………………………………… 29
人工知能（AI） …………………………………………………………… 33
ISOBUS …………………………………………………………………… 38
メッシュ気象データ ……………………………………………………… 44
情報端末 …………………………………………………………………… 48
収穫物センサー（収量、タンパク） …………………………………… 52
生育センサー（窒素ストレス） ………………………………………… 58

Ⅱ部　事例編

【基盤技術】

自動操舵システム ………………………………………………………… 64
ロボットトラクタ ………………………………………………………… 70
自律多機能型農業ロボット ……………………………………………… 75
農作業アシストスーツ …………………………………………………… 81
衛星リモートセンシング ………………………………………………… 87
ドローンリモートセンシング …………………………………………… 92

【営農支援システム】

食・農クラウド Akisai …………………………………………………… 97
営農・サービス支援システム「KSAS」 ……………………………… 102
気象予測データを活用した農業情報システム ………………………… 109
米生産農業法人向け農業 IT 管理ツール「豊作計画」 ……………… 114
農協向け農業 IT 管理ツール「GeoMation 農業支援アプリケーション」 ……… 119

【稲作】
　圃場整地均平作業機（レーザーレベラー・GPSレベラー） …………… 124
　直進キープ機能付き田植機 …………………………………………… 131
　自動運転田植え機 ……………………………………………………… 137
　スマート田植機 ………………………………………………………… 142
　スマート追肥システム ………………………………………………… 147
　食味・収量メッシュマップ機能付きコンバイン …………………… 150
　水田の自動給排水装置 ………………………………………………… 155
　地下水位制御システム ………………………………………………… 160
　収穫適期マップ ………………………………………………………… 165

【畑作】
　環境情報センシング・モニタリング ………………………………… 169
　マップベース可変施肥 ………………………………………………… 173
　センサーベース可変施肥 ……………………………………………… 177
　収量予測システム ……………………………………………………… 181

Ⅲ部　研究編

　スマート育種 …………………………………………………………… 188
　スマートフードチェーン ……………………………………………… 193
　除草ロボット …………………………………………………………… 197
　マルチロボット ………………………………………………………… 201
　欧米における畑作用小型ロボット …………………………………… 204

表紙：菊池　尚美（HIYOKO DESIGN／NPOコミュニティシンクタンクあうるず）

スマート農業の現場実装と未来の姿

北海道大学　野口　伸

高齢化や労働力不足の解消へ

　日本の農業は厳しい状況に置かれている。例えば、基幹的な農業従事者が減少し5年前と比べると15％も減っている。高齢化も進んでおり、現在の農家の平均年齢は67歳、65歳以上の農家が65％にも及ぶ。日本全体の中でも農業分野の高齢化は先んじている。

　他方、離農が進むことで大規模経営体が急増し、100haを超える農家が過去5年間で30％増えている。そのため耕作に手間のかかる農地の耕作放棄が増え続け、40万ha（2010年）に達した。

　この主な発生要因として労働力不足がある。耕作放棄地は、地域の営農環境にとどまらず生活環境にも悪影響を及ぼしている。今後も農業の労働力不足の進行が予想され、その対策としてロボットを含めた「超省力技術」の開発が日本農業を持続させる上で必須である。さらに農産物の輸入自由化が進む中で、国際競争力を確保するためには、農業構造改革と併せて革新的な技術開発により、一層の農産物の品質向上や生産コストの削減を図り、さらに農産物に健康機能性などの付加価値を付けて国内外の需要を喚起して、日本農業を成長産業化することも目指すべき方向だろう。

　農業のスマート化はICT（情報通信技術）やロボット技術などの先端技術により「農作業の姿」の変革を可能にする。農家の「経験」と「勘」に依存した農業から「データに基づいた農業」への転換は、新規就農の促進にも有効である。ICTやロボットを高度に利用した農業のスマート化は日本農業が抱える問題を解決する上で極めて重要となる。

5カ年の技術開発終え、現場実証

　SIP（戦略的イノベーション創造プログラム）「次世代農林水産業創造技術」は内閣府が進める国家プロジェクトで、2014年度から5カ年かけてスマート農業に関する技術開発を行った。その中に人工知能（AI）、IoT（モノのインターネット）、ビッグデータ、ロボットを活用したスマート農業に関する課題として「水田農業のスマート化」がある。

　水田農業のスマート化では、ロボットなど高性能機械や水管理の自動化によって労働生産性の格段の向上を目指した（図1）。①メッシュ農業気象データと気象対応型栽培技術②人工衛星や低層リモートセンシングによる空間情報の効率的収集と活用技術③自動給排水システムによる圃場水管理の省力化技術④ロボットなど自動化・知能化された機械による超省力作業技術—などの開発を進めた。開発した技術パッケージの数値目標は、11年度の米の生産コスト全国平均60kg当たり1万6,000円の50％削減（同8,000円）だった。

　SIPでは実用化した技術も多々ある。1kmメッシュ気象データの提供、水田自動給水栓、スマート田植え機、収量コンバイン、ロボットトラクタなどはすでに実用化した。当然①〜④の各課題はそれぞれが有用な技術を生み出すが、SIPではさまざまなデータを連携・共有することでデータ駆動型農業

図1 内閣府SIP「次世代農林水産業創造技術」で開発したスマート水田農業モデル

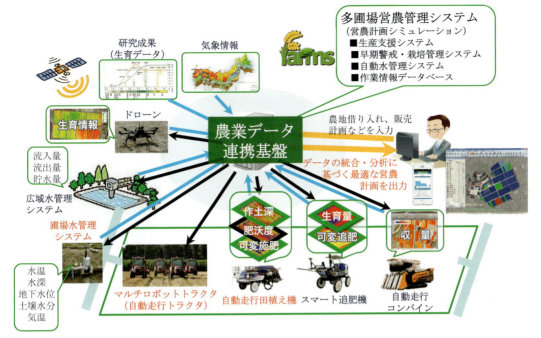

を加速させるために「農業データ連携基盤（WAGRI）」（Ⅰ入門編を参照）の開発にも取り組み、19年4月から農研機構が運営母体となり本格運用が始まった。当然、衛星リモートセンシング、ドローン、ロボット草刈り機、アシストスーツなど、SIP以外にも数多くのスマート農業に資する製品・サービスが生まれ、現場実装が始まっている。

今後、これらスマート農業技術の導入効果を担い手に肌で感じてもらう必要がある。農業はいうまでもなく地域産業であり、気象、土壌特性、地理的条件など地域特性を十分考慮して、地域に適合したスマート農業技術を導入することが成功のカギである。そのためには日本全国に広くスマート農業実証モデルを設置して、その成功事例を対外的に示すことである。単なるスマート農業技術のショーケースにとどまらず、実際にそのモデルフィールドで営農を行い、スマート農業によって農家が"稼げる"ことを証明することが、担い手に対して最も説得力のある普及推進活動である。

実際に農林水産省では、19年度から2カ年の事業で「スマート農業加速化実証プロジェクト」を全国69カ所で開始した。この事業成果には大いに期待したい。

高校や研究会など切れ目ない研修を

農作業の姿を変えるスマート農業の地域実装法について考えてみたい。ICTやロボットを活用するスマート農業技術は、従来の農機をはじめとした慣行の作業技術と大きく異なり、導入には大きな投資と効果的な使用法に対する学びを必要とする。従ってユーザーである農家に、スマート農業の魅力を十分に理解してもらうことが大前提である。そのための新技術の実演会やセミナーの開催はもちろんだが、さらに進んだ技術から経営まで体系的に学べる研修プログラムの実装も不可欠である。

図2は、その研修プログラムを「ワカモノ」「普及を担う人材」「今の担い手」に分け

図2 スマート農業を拓(ひら)く人材の育成

フル活用できる次世代人材育成
- ワカモノ
  - 農業高等学校 スマート農業カリキュラム
  - 農業大学校 スマート農業カリキュラム

地域の普及リーダー育成
- 普及を先導する人材
  - 普及センター・JA職員の研修プログラム（e-ラーニング）
  - 全国の成功事例の視察研修

ユーザー育成
- 担い手
  - 意欲的な農家を中心にしたスマート農業研究会の設置
  - 研究会・自治体・JAなどが連携した研修プログラム
  - 成功事例をつくり、共有（スマート農業加速化実証事業など）

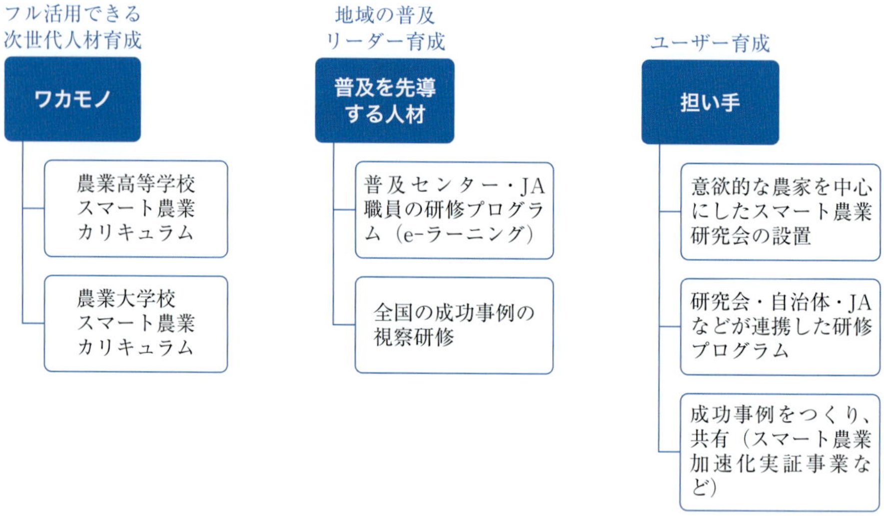

て整理したものである。次世代の農業を担う若者に対してはスマート農業をフル活用できる人材に養成すべく農業高校、農業大学校にカリキュラムを整備すべきだろう。特にトピックスとしてでなく、スマート農業体系を学べる通年カリキュラムを整備する必要がある。また地域の普及推進のリーダーの養成、そして今の担い手には研究会の設置など切れ目ない研修の機会を自治体、JAなど関係機関が連携して構築することも望まれる。さらに、地域のスマート農業推進のハブとなる人材育成・普及戦略を立案・実施する部署を都道府県レベルに設置し、市町村やJA、研究会、企業など関係機関とさまざまな事業を企画調整する機能を担うことも期待される。

農業が地域の基幹産業の場合、農業の衰退が地域の活力を失わせ、人口減少に拍車をかける。地域の活性化には農家所得が増加し、若者の就農が増え、さらに農産物・食品の地域ブランド化により新たな雇用を生む食関連産業の育成が不可欠で、そのためには自治体が先導して農商工連携や6次化に向けた環境整備を進めることが求められる。定時・定量・定品質な農産物を大きなロットで生産する上で、スマート農業が効果を発揮するのは自明である。

自治体－農業者－企業－地元大学・研究機関がコンソーシアムを組み、スマート農業を核にした食品開発、販路開拓などオープン・イノベーションに向けた取り組みが、これからの地域農業の活路だろう。

I部　入門編

農業データ連携基盤（WAGRI）……………… 14
衛星測位システム（GNSS）…………………… 19
農業IoT ………………………………………… 26
農業ビッグデータ ……………………………… 29
人工知能（AI）………………………………… 33
ISOBUS ………………………………………… 38
メッシュ気象データ …………………………… 44
情報端末 ………………………………………… 48
収穫物センサー（収量、タンパク）………… 52
生育センサー（窒素ストレス）……………… 58

I部 入門編

農業データ連携基盤（WAGRI）

慶應義塾大学　神成 淳司

農業データ連携基盤（WAGRI）とは

さまざまなスマート農業関連サービスやデータをつなぐためのハブとなるデータプラットフォーム。数年間の研究開発を経て、2019年より、農研機構が運営し、正式サービスが開始されている。

何ができるか

・スマート農業に関する多様なサービスやさまざまなセンサー機器で取得したデータなどを連携させて使うことができるようになる
・自分のデータを安全に他の人と共有することが容易になる

　スマート農業の進展に伴い農業分野におけるデータ利活用は全世界的に広まり、インターネットを基盤とする、いわゆるクラウドサービスも多様なものが提供されている。しかし、その多くは各組織独自のソリューションを展開するもので、独自のフォーマットを用いているものも多く、他サービスとのデータ連携が困難な状況が生じていた。

　このような状況を踏まえ、データ利活用の基盤として構築されたのが、「農業データ連携基盤（以下、WAGRI＝ワグリ）」[i]である。本稿では、WAGRIの概要と今後の可能性についてまとめる。

データを連携・提供・共有

■WAGRIとは

　WAGRIはインターネット（クラウド）上に構築された、農業に関する多様な情報の流通を実施するためのハブとなる基盤である（図）[1]。略称であるWAGRIは、日本を意味する「和（WA）」とさまざまなものが連携する「輪（WA）」に、農業を意味するAGRIを組み合わせた造語で、わが国初のスマート農業の世界的な基盤となることが期待される。

　WAGRIが既存のデータプラットフォームと異なる点として、個々の農業者に直接的にサービスを提供するBtoC型ではなく、個々の農業者にサービスを提供する事業者へサービスやデータを提供すると共に、これら事業者間でのデータ共有やシステム間連携を実現するためのサービスを提供するBtoBtoC型であることが挙げられる。すなわちWAGRIは、スマート農業サービスの多種多様な担い手の競合者ではなく、基盤である。

　取り組みは2016年3月に開催された政府の未来投資会議で発表され、同年5月に農業生産法人、農機メーカー、ICTベンダー、大学や研究機関など23組織が農業データ連携基盤へと参画し研究開発がスタートした。そして17年12月のプロトタイプ稼働、18年4月からの全国各地の圃場での実証を経て、19年4月より本格稼働が開始された。本格稼働に伴い、全国69カ所の圃場で開始

図 農業データ連携基盤「WAGRI」の全体像

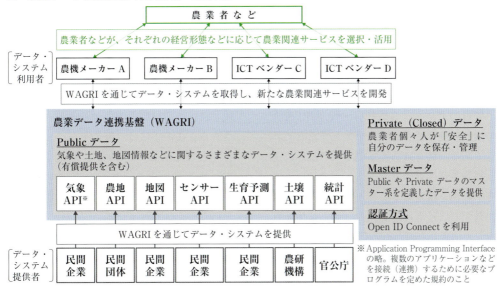

された農林水産省のスマート農業加速化実証プロジェクトなど複数の取り組みがWAGRIを基盤として開始され、AI分野のベンチャー企業など多様な組織の参入が加速化するなど、分野全体の活性化が促されている。

■ **基本機能**

WAGRIは「データ連携」「データ提供」「データ共有」の3つの機能がBtoBtoC型サービス実現のために備えられている。

一つ目のデータ連携機能は、さまざまな農業ICTサービス、農業機械、あるいは圃場に設置されたセンサーデータなど農業に関わる多様なデータが、農業ICTベンダーなどの個々の組織の壁を越え、異なるシステム間でのデータ連携を実現するための機能である。スマート農業に関わる組織が飛躍的に広がる中、データ連携に係るコストを削減することは非常に重要である。さまざまなデータやサービスを連携させるハブとしての役割をWAGRIが担うことで、WAGRIに参加する組織は迅速かつ容易にデータ連携を進めることが可能になる。すでに埼玉県の一部地域では、生産者が、どのメーカーの農機を使っているかにかかわらず、お互いに望めば作業情報を共有し、利活用を図る取り組みが進められている。また茨城県では、普及指導員と生産者が情報連携することで、効果・効率的な普及指導体制の構築が進められている。

二つ目のデータ提供機能は、農林水産省などの公的機関、農研機構などの研究機関や大学、そして民間企業などの組織が保有する多様なデータを、WAGRIを介して第三者へ提供(有償、無償、いずれの場合も含む)する、いわゆるデータ取引市場としての機能である。すでに農林水産省などの関連省庁や農研機構、あるいは民間企業が地図、気象、土壌肥料などさまざまなデータの提供を開始している。今後、病害虫や市況データなどの各種統計情報の提供も検討されている。複数の組織が同一カテゴリーのデータを提供する場合もある。例えば気象データは、気象庁が提供する無償の広域気象データと、民間企業が提供する有償の精密気象データ(1kmメッシュ単位、1週間程度の将来予測など)が存在し、利用者側が選択することが可能だ。適正な価格でデータ取引が実施されることもWAGRIが担う重要な役割である。また、取引されるものには単なるデータに加え、音声

認識や手書き文字認識などのサービスも存在する。農業者にBtoCサービスを提供する組織は、これらサービスを自組織のサービスの一部として提供することが実現されている。今後はAI（人工知能）分野などの研究成果に基づく多様なサービスの供給も期待される。

三つ目のデータ共有機能は、WAGRIを介して複数の農業者がデータを共有するための機能である。共有はあくまで本人の意志に基づき実施されるもので、誰に、どのデータを共有するかを指定することができる。複数人に共有することも可能であり、例えば生産部会内での情報共有のための利用が想定される。

■ 標準化とデータ連携・提供・共有

多様なデータを連携する際に課題となるのが、個々のシステムが用いるデータ形式の差異（データ項目や単位の違い）をどのように解消するかという点である。北海道から沖縄まで地域ごとに気候や土壌に即した独自の農法が取り組まれてきたわが国では、作物の名称や作業の種類、記述すべき内容などに用いられる項目や単位は、その地域の農法や伝統的な記載方法がそのまま踏襲されていることが多い。

データ形式が異なれば、データ連携・提供・共有を実施する際に、新たな処理が必要とされ、さらに提供相手が増加するに伴い必要とされる処理は爆発的に増加することになる。これは、ビッグデータの活用において常に指摘される課題である。対応手法として直ちに考えられるのは、国内の農業で用いられるデータ形式を統一するというものであるが、この手法はシステム改修に莫大な費用がかかり、時間も要する。さらに、個々の地域で長年にわたり培われてきた農法など過去の蓄積が継承されず失われかねないリスクが存在する。北から南まで多様な気象条件の下で多様な農法が培われてきたわが国農業の特質を踏まえると、個々の地域で用いられてきたデータ形式は変更しないことが望ましい。

そこでWAGRIでは政府が推薦する農業データの標準化形式を、データ連携・提供・共有のための中間形式として用いる手法を採用している。個々の地域で用いられている多様なデータは、データ連携・提供・共有が実施されるに際し、いったん標準化形式へと変換され、さらに相手方のデータ形式へと変換される。この手法は二度のデータ変換処理が必要となるものの、異なる複数の相手とのデータ連携・提供・共有を実施する場合であっても、相手方のデータ形式に捉われないという点がメリットである。

ここで重要なのが、この標準化形式への変換処理に必要とされるソフトウエアである。WAGRIでは個々の利用者が、自分たちが利用するデータ形式を標準化形式に対応させるための処理をWeb上で簡単に実施することができる。実施した内容は自動的に変換機能のためのソフトウエア（API）としてWAGRI上で実装され、その後の変換処理に用いられることになる。このソフトウエアの自動生成機能（DynamicAPI）はWAGRIの最大の特徴であり、すでに100を超えるAPIが実装され、多様なデータを変換するために役立てられている。

■ データ保護とデータオーナーシップ

多様なデータの連携や共有が進められる際にしばしば議論となるのが、データの不正利用や流出に関する懸念である。工業分野ではこの点について、不正競争防止法により規定される営業秘密としての取り扱いによる対応が実施されることが多い。

営業秘密とは、秘密として管理されている生産方法、販売方法、その他の事業活動に有用な技術上または営業上の情報であって、公然と知られていないものをいう。ここで重要なのは、「秘密として管理されている」という点であり、例えば金庫に入れて管理するといった取り扱いが求められる。しかし農業分野の場合、例えば露地栽培において取り扱わ

れるデータを秘密として管理することは難しく、生産部会での共有を前提とするデータについても、部会に属する人全てに秘密として取り扱うのを強いるのは難しかった。

なお、WAGRIを介して取り扱う全てのデータは暗号化され、不正利用や流出に対する十分な対応を進めているものの、悪意ある利用者などによる万が一の事態について、何ら責任を問うことが難しい状況であった。

このような状況に際し、16年には政府のIT総合戦略本部により、「農業ICTサービス標準利用ガイドライン」と「農業ICT知的財産活用ガイドライン」が取りまとめられた[2]。前者は農業ICTサービスが提供される際、特に権利や義務について、どこに注意して確認する必要があるかを示すことを目的とし、「契約者および契約希望者」とサービスの「提供者」との間における取り決め（具体的なデータの帰属について整理）がなされている。後者は農業ICTサービスの開発（農業知財の農業ICT化）および提供時に、現場のノウハウ（農業知財）の円滑な活用促進と、保護のためにどこに留意して確認する必要があるかを示すことを目的とし、主に「農業生産側協力者（知財保有者）」と「農業ICTサービス開発／提供者」との間における取り決めを、実証事業などを通じた現場農業知財の農業ITへの活用事例を例示してまとめている。

さらにこのような状況を踏まえ、18年には不正競争防止法が改正されることになった（19年より施行）。この改正のポイントは、従来は営業秘密に該当せず保護対象とならなかったものの、業務の一環として一定規模の電磁的に収集・管理されているデータを「限定提供データ」と位置付け、不正取得行為や不正使用行為などについて民事措置（制止請求権や損害賠償額の推定など）が規定されたという点である。これらの流れを受け、18年に、農林水産省により「農業分野におけるデータ契約ガイドライン」が初めて取りまとめられた[3]。

現在、WAGRIにおけるデータ取扱規則は、このガイドラインに基づき規定されている。また、データ流出などに関する農業者の懸念などを踏まえ、第三者による改ざんや情報漏えいを防ぐために、WAGRIには最新のセキュリティー技術が適用されるとともに、全ての取り扱いデータは暗号化され、管理者であっても閲覧や設定変更は不可能となっている。

なおWAGRIが推進する個人データのオーナーシップ（所有権）を主体とした考え方は、世界の潮流とも一致している。EUは、EU域内での個人データの取り扱いについて、16年に一般データ保護規則（GDPR＝The EU General Data Protection Regulation）を制定し（18年施行）、個人が自分のデータをオーナーとして制御する権利を認めている[4]。対象となるデータは、Webを閲覧した際のCookieも含めた個人に関係するものが多く含まれ、個人が望めば、第三者へのデータ移転（データポータビリティ）などを、データを預かる企業組織側が対応することが義務付けられている（違反した際には、巨額の罰金が課せられる）。WAGRIの機能はGDPRへの対応を見据えたもので、今後の利活用機会の増大が期待される。

スマートフードチェーンへの展開

18年12月よりWAGRIの後継プロジェクトとしても位置付けられるスマートフードチェーン（Ⅲ研究編参照）に関する研究開発が開始された[ii]。これは川上（生産現場）のみを対象としていたWAGRIを、川中（加工・流通）、川下（小売り）まで拡張することで、輸出入を含めたわが国の生鮮物流の新たな基盤としての役割を担うことが期待される。

生鮮食料品は、消費者の元に届けられて価値を供出するもので、川中、川下における物

品の取り扱いが価値を大きく左右する。多様なデータを取り扱い、付加価値の高い、あるいは高収量での作物栽培を実現したとしても、売れなければ農業者側の利益にはならない。消費者へ価値を伝えるためにもスマートフードチェーンへの展開は、今後のWAGRIの発展を見据えると必然的な方向性であろう。産地を越え、物流網を横断するデータの利活用は新たな産地間連携を生み、あるいは物流の最適化などによるフードロス軽減効果も期待される。

すでに農協連や経済連などの生産団体、公設市場や仲卸、加工業者、物流業者、そして小売業者などが連携に基づく小規模実証を進めており、20年度内には輸出に関する取り組みも実施される予定だ。圃場において取得された栽培関連データを川中の事業者が共有することでの新たな価値が議論されたり、多様な方向性が模索されるなど、今後の展開が期待される。

今後に向けて

本稿では、農業データ連携基盤（WAGRI）の概要と今後の展開についてまとめた。WAGRIの本格稼働は、農研機構を推進母体とし、持続的なサービス提供が実施されている。農林水産省や各地の農業団体、あるいはFAOや諸外国政府からの期待に応えるためにも[5]、スマートフードチェーンにおいて検証された項目については早急にWAGRIへの実装を進めるなど、着実な機能強化が図られていく見込みである。EUにおけるデータ連携基盤「IoF 2020」などの動向も踏まえ、今後のわが国、アジア全域、ひいては全世界における農業分野全体の活性化を促すことを祈念する[6]。

【参考文献】

1) 神成淳司（2017年）「農業データ連携基盤の展開と未来図」技術と普及、全国農業改良普及職員協議会機関誌 Vol.54、No.12、p24-26
2) 内閣官房IT総合戦略室（2016年）「農業分野におけるガイドライン」（https://cio.go.jp/policy-agri）
3) 農林水産省食料産業局知的財産課（2018年）「農業分野におけるデータ契約ガイドライン」（www.maff.go.jp/j/kanbo/tizai/brand/b_data/deta.html）
4) EU「The EU General Data Protection Regulation」（https://eugdpr.org/）
5) EU「IoF2020: Internet of Food and Farm 2020」（https://www.iof2020.eu/）
6) H. Uehara、A. Shinjo（2019年）、「WAGRI – the agricultural big data platform」E-agriculture in Action：Big Data for Agriculture、Food and Agriculture Organization of the United Nations (FAO)、p73-83

[i] 本研究は、内閣府戦略的イノベーション創造プログラム（SIP）「次世代農林水産業創造技術」（管理法人：生研支援センター）によって実施した

[ii] 本研究は、内閣府 戦略的イノベーション創造プログラム（SIP）「スマートバイオ産業・農業基盤技術」（管理法人：生研支援センター）によって実施している

I部 入門編

衛星測位システム (GNSS)

マゼランシステムズジャパン㈱　永吉 敬太

衛星測位システム（GNSS）とは

GNSS とは、Global Navigation Satellite System の略で各国の衛星測位システムを総称したものである。「人工衛星」「衛星を監視・制御する地上局」「受信機」の3つのパートで構成され、受信機で得られた位置情報はパソコンなどの媒体で表示されたり、自動運転の制御に利用されたりする。日本でも独自に開発された「みちびき」（準天頂衛星システム）があり、今後の活用が大きく期待されている。

何ができるか

・GNSS を利用した高精度測位によるセンチメーター級の位置情報を農機に活用することで、トラクタや田植え機などによる農作業の無人化が可能となり、作業の効率化や品質の向上などにつながる
・「みちびき」から配信されている情報を用いて CLAS 方式や MADOCA 方式での測位を行うことで、基準局を設置することなくセンチメーター級での測位が可能となる
・例えばドローンにセンチメーター級の測位を活用することで、正確な機体の制御が可能となり、ドローン同士が密集しての離着陸・飛行が可能となる

人工衛星、地上局、受信機で構成

衛星測位システムとは人工衛星を利用した位置情報を計測するシステムであり、各国の衛星測位システムを総称して、GNSS という。この衛星測位システムは、人工衛星（スペースセグメント）、衛星を監視・制御する地上局（コントロールセグメント）、人工衛星からの信号を受信し、位置、速度、時刻などを求める受信機（ユーザーセグメント）の3つのパートで構成される。各パートの相互関係を図1に示す。なお本稿では、衛星からの信号を受信して、位置情報などを計算する装置のことを「受信機」と表現する。

地球全体（グローバル）で利用が可能な衛星測位システムとしては、アメリカの GPS、ロシアの GLONASS（グロナス）、ヨーロッパの Galileo（ガリレオ）、中国の BeiDou（ベイドゥ）がある。GPS と GLONASS は当初、軍事利用目的で開発された経緯があるものの、近年では民間および商用としても利用されるようになった。このような経緯もあり、GPS 依存からの脱却と、民生利用を重視したヨーロッパの衛星システムとして Galileo がスタートし、中国でも GPS に依存しない衛星システムとして BeiDou を構築中である。

さらに、特定地域で利用される衛星測位システムとして、GPS と互換性を持ち GPS の補完、補強を目的とした日本の準天頂衛星システム（QZSS：Quasi-Zenith Satellite System、

みちびき）や、インド独自の衛星測位システムとして開発されたIRNSSがある。また、測位精度を向上させるために補強信号を放送する静止衛星型補強システムとして、アメリカのWAAS、ヨーロッパのEGNOS、日本のMSAS、インドのGAGANがある（ロシアのSDCM、中国のBDSBAS、韓国のKASSは開発中）。これら各国の衛星測位システムの現況を図2に示す。

人工衛星には、精密な原子時計が搭載されている。この原子時計によって時刻同期された信号と、地上局から送られた軌道情報を含む航法メッセージが地上に向けて配信される。地上ではコントロールセグメント（監視局と主制御局に分かれる）において、まず衛星から送信された衛星の軌道や時刻、故障の有無などについて監視・データ収集を行い（監視局）、そのデータを用いて主制御局で衛星の軌道情報を予測し、航法メッセージを更新し衛星に送信する。そして衛星から配信される信号をユーザーセグメントが受信し位置などの情報を求める。

実はこのGNSSの歴史は浅く、2000年以降になってようやく世界規模でのシステム利用が可能となってきた。それに伴い受信機のニーズが広がり、低消費電力化や高感度化な

図1 衛星測位の3つのセグメント

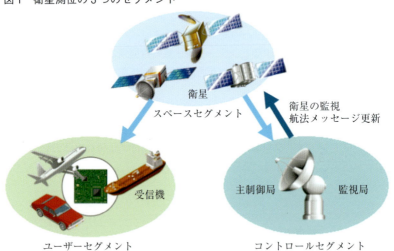

図2 各国の衛星測位システムの現況

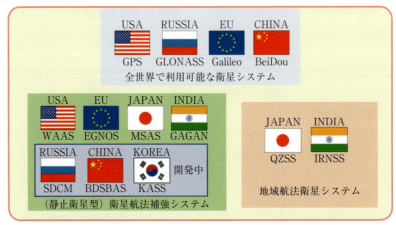

どの性能向上が進められている。

衛星測位の仕組みと精度

衛星測位では、衛星は各衛星の認識コード（信号）と衛星の健康状態や軌道情報などを含んだ航法メッセージを搬送波に乗せて地球に向けて配信している。図3に、各測位衛星から配信されている信号の周波数帯を示す。詳細についてはここでは割愛するが、受信機では衛星からの信号を受信して位置情報を求める。図3から、各国の衛星測位システムで一部を除いてほとんど共通の周波数帯を使用していることが分かる。例えば先述したみちびきはGPSと同一周波数帯の信号を放送しており、強い互換性を持つので一体の衛星コンステレーション（連携運用）として利用することができる。受信機側からすると、利用可能な衛星が増えることで、安定した測位が可能となる。

■単独測位

衛星測位の基本である単独測位とは、4個以上の衛星から送られてくる信号を用いて受信機単独で測位することである。測位精度は、誤差が10～20 mとあまり高くない。

この誤差要因は、衛星の位置情報の誤差、衛星で使用されている原子時計の時刻誤差、衛星から発せられた測位信号が受信機に到達するまでの間に存在する電離層と対流圏での電波の遅延による誤差や、構造物や地面などでの反射（マルチパス波）による誤差がある。また受信機の測定誤差として、受信機内部の時計の精度、回路の安定性などによる誤差も存在する。

一般的なカーナビやスマートフォンなどでは、この単独測位が用いられている。地図データがあり、マップマッチング技術などを用いて位置を補正することで、道案内などに使用されている。しかしながら、農機の自動運転おける制御に使用するには精度が悪く、誤差を解消し、測位精度を高める必要がある。

■ディファレンシャル測位

前記で挙げた誤差要因を解消し測位精度を

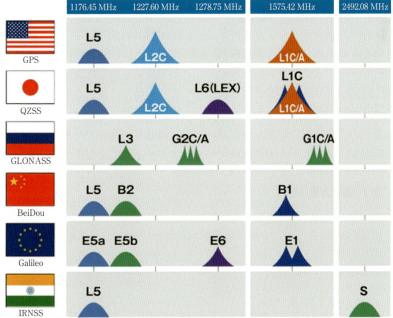

図3　測位衛星から発信されている信号の周波数帯

出典：内閣府宇宙開発戦略推進事務局、みちびき（準天頂衛星システム）「みちびきの優位性」
（http://qzss.go.jp/technical/technology/tech02_superiority.html）

高める方法として、複数の受信機を組み合わせて使用する測位方法が幾つかある。これらを総称してディファレンシャル測位（DGNSS）と呼ぶ。ディファレンシャル測位は、コードディファレンシャル測位（コードDGNSS）と搬送波位相測位（搬送波位相DGNSS、干渉測位）の2つに大別される。さらに細かく分類すると、さまざまな測位方式がある。測位方式の種類を図4に示す。

コードディファレンシャル測位は、複数の受信機を使用して衛星からの信号を受信し相対位置を求める方法である。コードディファレンシャル測位では、既に正確に測量された地点（既知点）とこれから求めようとする地点（未知点）において、同時に同じ衛星からの信号を受信し、既知点で測定された誤差を利用して未知点の誤差を補正するものである。この測位方法により補正できる誤差要因は、既知点から離れていても同程度の誤差と扱うことができる衛星軌道誤差、衛星クロック誤差、電離層遅延、対流圏遅延であり、マルチパス誤差と受信機の測定誤差については受信機を設置する場所に依存するため補正できない。なお電離層遅延と対流圏遅延については、既知点からの距離が大きくなると同程度として扱えなくなるため、利用可能な範囲が限定される。コードディファレンシャル測位による精度は誤差0.5～5m程度である。単独測位に比べるとはるかに測位精度は良いが、それでも農機の自動運転に必要な測位誤差数cmを実現するには、もう1桁程度精度を上げる必要がある。

コードディファレンシャル測位では、受信機と衛星との間の距離を信号が到達する時刻の差で求めていた。この方法では、衛星からの信号の波長で距離を求めることになるため、例えば図3のL1帯では約19cm、L2帯では約24cmよりも精度を上げることは原理的に不可能である。そこで、さらに精度が必要となる場合は、受信機に到達する信号の位相の差を比較することで、波長の100分の1程度まで精度を上げることが可能な、搬送波位相測位と呼ばれる方法が用いられる。コードディファレンシャル測位同様、複数の受信機で同時に同じ衛星からの信号を利用する部分は同じではあるものの、既知点と未知点、それぞれの受信機と衛星との距離の差（行路差）を搬送波の位相から求め、受信機間の相対位置を決定して未知点の位置情報などを得る点が大きく異なる。この搬送波位相測位はスタティック測位、RTK（Real Time Kinematic）測位、ネットワークRTKに分類される。

スタティック測位は未知点を固定し、データ収集後に分析を行う方法である。精度は誤差が数mmと非常に高いが、観測に数時間かかる上に、観測後にデータ処理を行うため測定結果を得られるまでに時間がかかってしまう。精度は良いものの、リアルタイムに位置情報を得ることはできない。

既知点の観測データを、通信を使用してリアルタイムに未知点へ送信し、その場でリア

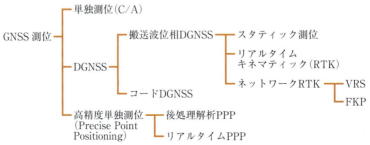

図4　測位方式の種類

ルタイムに解析処理を行う測位方式がRTK測位である。RTK測位はスタティック測位ほどの精度は得られないが、リアルタイムに移動体の位置情報などを得ることができるため、農機の自動運転などに利用することができる。なお誤差は数cm程度である。このほかにネットワーク型RTKがあり、前述のRTKにおける既知点の観測データの代わりにデータ通信により補正データを提供することで、高精度測位を行う方法であるVRS（仮想基準点）とFKP（面補正データ）がある。

RTK測位における既知点は、国土地理院が設置した電子基準点を使用する場合、㈱ジェノバ、日本GPSデータサービス㈱、日本テラサット㈱からのデータ配信による利用方法があり、近年では末尾の参考文献3）のソフトバンクグループのサービスのような民間企業のサービスを利用する方法や、利用者自らが設置する方法などがある。RTK測位を行う場合、受信機の仕様にもよるが、基線長は10km以内である必要がある。測位精度、リアルタイム性に加え、基準局を設置するか何かしらのサービスを利用する必要はあるものの、比較的使用が簡便なこともあり、現在のところ農機の自動運転のための位置情報にはこのRTK測位が広く利用されている。

このRTK測位で必要となる基準局などを必要とせず、搬送波位相による測位を行うことが可能な高精度単独測位（PPP：Precise Point Positioning）と呼ばれる方法がある。高精度単独測位とは、衛星から得られる精密歴（軌道・時計）を使用して、2周波で電離層遅延量の影響のない観測値をつくり出して測位を行うものである。RTK測位と比べると精度はやや悪いものの、誤差数cmで位置情報を得ることができる。高精度単独測位を行うためには、受信機内の測位演算ソフトにより複雑で高度なアルゴリズム（計算手法）が必要となるが、既知点に基準局を設置する

必要などがなく、受信機単体で農機の自動運転に必要となる高精度な位置情報を得ることが可能となる。わが国のみちびきからは、この高精度単独測位を行うために必要な2種類の情報が配信されている。事例編では、みちびきを利用した高精度単独測位と農機やドローンへの応用例について説明する。

「みちびき」を利用した高精度単独測位

「みちびき」（準天頂衛星システム）は日本で独自に開発された衛星測位システム（以下、QZSS）である。日本国内において都市部のビルの谷間や山間部など、測位に必要な可視衛星数が少なかった場所での衛星測位の安定性の改善を目的に設計されたシステムである。2018年11月から4基体制でのサービスを開始し（準天頂軌道3基、静止軌道1基）、23年には7基体制となる予定である。4基体制の現在、日本のほぼ真上（準天頂）方向に少なくとも1基の衛星が配置するような軌道を回っている（静止軌道の3号機を合わせると2基）。

QZSSの大きな特徴はアメリカのGPSと強い互換性を持つことと、専用の受信機を使用することで、世界初のセンチメーター級の高精度単独測位が可能となったことである。なお、QZSSからのL6信号を使用することで、RTK方式のように既知点に別の受信機を設置することなく、また補正情報を得る通信手段などを用意することなく、受信機単体で衛星からの信号のみで誤差数cmの精度での測位が可能となっている。

このQZSSを利用した高精度単独測位方式として、MADOCAとCLASがある。

■MADOCA

MADOCAとは、Multi-GNSS Advanced Demonstration tool for Orbit and Clock Analysisの略称で、宇宙航空研究開発機構（JAXA）が開発を進めてきた精密衛星軌道・クロック推定を行うソフトウエアのこと

である。このソフトウエアを用いて高精度な衛星軌道と衛星時刻の誤差を得ることができる。これらの誤差情報を受信機に配信し、受信機内で測位演算に使用することで、誤差数cmの精度で位置情報を得ることができる。

現在、QZSSを使用して配信する技術実証が行われているところである。この方式により、海外や海洋を含めたグローバルな環境での高精度測位が可能となる。前述の通り、本来MADOCAはソフトウエアの名称ではあるが、このソフトウエアで得た補正情報を使用した測位方式のことをMADOCA方式、あるいは単にMADOCAと呼ぶ。本文では、以下、MADOCAを利用した測位方式のことを指すこととする。

MADOCAの補正対象となるGNSSは、QZSSとGPSだけでなく、GLONASSも含む（Galileoは今後対象になることが期待される）。MADOCAでは、全世界で運用されているGNSS監視局でGNSS衛星からの信号情報を取得後、マスターコントロール局で必要な衛星軌道や時刻誤差情報を生成し、そのデータを追跡管制局からQZSSへ送る（1号機は未対応のため、厳密には、2～4号機のみへ送信する）。その後、補正情報はQZSSからL6帯のL6E信号として配信され、受信機で受信して測位演算を行うことで単独で高精度な測位情報が得られる。利用可能な地域は、衛星から補正情報を利用する場合はQZSSからの信号を受信できることが条件となるため、2～4号機からのL6E信号が受信可能な日本を含むアジアやオセアニア地域に限定されるが、インターネット経由で配信されたデータを使用する場合は全世界で利用可能である。補正情報は、衛星の位置や時刻に関する情報となるため、受信機で高精度な位置情報（10cm以内の精度）を得るためには、受信機内でさまざまな誤差要因（電離層遅延、対流圏遅延など）について計算する高度なソフトウエアが必要となる。

■CLAS

国土地理院が整備した電子基準点のデータを使用して補正情報を計算し、その補正情報をQZSSから配信するサービスが、CLAS（Centimeter Level Augmentation Service）である。CLASを利用可能な地域は国内に限定される。CLASの補正対象となる衛星は、現在のところGPS、QZSS、Galileoで、補強信号はQZSSからL6帯のL6D信号で配信される。そのため、受信機には、周波数帯域の異なるL6帯の信号を受信できることに加え、受信したL6D信号を復調して得た補正情報を用い測位演算が可能な専用のアルゴリズムが必要となる。詳細についてはここでは割愛するが、CLASの測位方法は先に示したRTK測位と類似しているが、補正情報を得るための基準局との通信は不要で、衛星からの補強信号のみで高精度単独測位を行うことが可能なため、PPP-RTK（Precise Point Positioning-Real Time Kinematic）と呼ばれる。CLASを用いた測位の概略図を図5に示す。

ここまでMADOCAとCLASを紹介したが、これらの大きく異なる点としては、補正対象の衛星数の制限と、利用可能な地域、初期化時間（GNSS受信機を起動後、最初の高精度測位が完了するまでの時間）である。MADOCAは補正対象衛星数に制限がな

図5　CLASを用いた測位の概略図

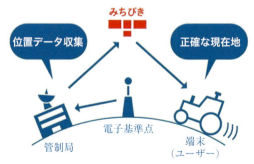

出典：内閣府宇宙開発戦略推進事務局、みちびき（準天頂衛星システム）「センチメータ級測位補強サービス」
（https://qzss.go.jp/overview/services/sv06_clas.html）

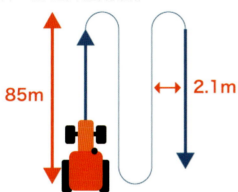

図6　無人運転実証実験経路

写真　無人運転実証実験

く、日本を含むアジアやオセアニア地域で利用できる（インターネット配信の場合は世界中で利用可能）。ただし初期化時間は20～30分かかる。CLASは補正対象衛星数に制限（現在は最大で11基）があり、利用可能な地域も日本国内（陸地と沿岸域）に限られるが、初期化時間が1分程度であり早い、というメリットがある。

次に、北海道大学とマゼランシステムズジャパン㈱（以下、マゼラン）による、QZSSからのL6信号を利用した高精度単独測位で得た位置情報を利用した無人運転実証実験を紹介する。実験ではマゼランのQZSSのL6帯対応のGNSS受信機（QZSS対応多周波マルチGNSS受信機［MJ-3008-GM4-QZS］）を用いて、QZSSからの補強信号を利用し高精度単独測位を行い、得た位置情報による無人運転について、その運転精度の検証を実施した。実証実験では**図6**のような経路を、3.6 km/時（＝1.0 m/秒）の速さでトラクタを動作させたところ、設定した通りの経路を自動制御で走行できることが確認された。誤差3cm程度で走行精度は非常に高かった。この実証実験の様子を**写真**に示す。

前述したマゼランのGNSS受信機による無人運転実証実験は、トラクタや農機に限らず、さまざまな移動体などで多数行われている。陸上を走る移動体に限らず、例えばドローンの衝突回避に関わる技術開発のための飛行実験にも使われており、農業用途では農薬散布やモニタリングなどへの応用を視野に入れた開発が行われているほか、今後、測量分野、農林水産業、建設業界、海洋分野、物流業界などの多種多様な分野での活用が大きく期待されている。

【参考文献】
1) マゼランシステムズジャパン㈱（https://www.magellan.jp）
2) 西修二郎（2016年2月）「衛星測位入門―GNSS測位のしくみ―」技報堂出版
3) ソフトバンク「誤差わずか数センチメートルの高精度な測位サービスの開始を発表」（https://www.softbank.jp/sbnews/entry/20190604_01）
4) トランジスタ技術編集部編「トランジスタ技術」2019月2月号、CQ出版㈱、2019年1月

I部 入門編

農業 IoT

農研機構農業技術革新工学研究センター　深津 時広

農業 IoT とは

IoT は「モノのインターネット」と呼ばれ、これまでインターネットに接続されていなかった現実世界の計測機器や機械といったさまざまなモノをインターネット上で扱えるようにする仕組みである。これを農業分野に適用することで、遠隔地から圃場の様子の把握や環境制御機器などの操作、取得された情報を解析処理して農作業を支援する情報の提供が行えるようになる。

何ができるか

・農業現場の様子を遠隔地からインターネット経由で把握できる
・環境制御や水管理などの遠隔操作を行うことができる
・取得された情報を解析処理し、現場の農業者に必要な情報を提供できる
・ビッグデータやAI（人工知能）を活用するスマート農業の実現に大きく寄与する

モノのインターネット

IT、ICT、IoT。これまで情報分野でよく聞かれたキーワードが、農業分野でも近年にぎわいを見せている。これらは基本的にインターネットを中心とした情報分野の技術であり、AI活用やスマート化といった次世代社会を実現する上で重要な基盤となっている。IoT とは Internet of Things の略で、「モノのインターネット」と呼ばれている。インターネットが普及し始めたころは、文書や写真をはじめとする登録された情報がインターネット上で見られたものの、「今」の「実世界」の様子を知ることは難しかった。インターネットの世界と現実の世界を融合したいという要望から、これまでインターネットに接続されていなかった現実世界の計測機器や機械といったさまざまなモノをインターネット上で観測・制御できるようにする仕組みが IoT である（図1）。

IoT によって現実世界のさまざまなモノがインターネットにつながることで、まず、どこからでも現地の情報を簡単に知ることができるという恩恵が受けられる。また、これまで交わることがなかったさまざまな情報がインターネット上でまとめて扱えるようになるため、連携して新たなサービスを生み出すことができる。さらに、集約された情報を基に現実世界の機器を高度に制御することが可能

図1　インターネットと IoT 機器

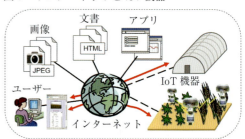

となるため、利便性が高く効率的な社会を創造することができる。

IoTは現在さまざまな分野に進出しており、交通、物流、医療、生活、そして農業などで活躍が期待されている。交通分野ではバスや電車の運行状況の把握や渋滞予測・自動運転、物流分野では荷物の状況把握や倉庫の効率的管理・無人配送システム、医療分野では遠隔診療やウエアラブル機器による常時体調管理、生活分野ではIoT家電による快適性向上やスマートハウスによる省エネ対策といったものが主に挙げられる。

現場情報把握のための利用が大部分

農業分野におけるIoTは、圃場現場情報の把握や水管理の遠隔操作などを行うIoT機器、タブレット端末などを通じて栽培管理情報の記録やクラウド経由で病害虫診断などを行うIoTサービス、無人トラクタの管理や植物工場の栽培制御などを総合的に行うIoT（スマート）システムなどが期待される。

農業分野では、古くはアメダスをはじめ圃場における環境情報を効率的に把握したいという要望から、21世紀初頭に研究開発が進められていた農業センサーネットワークが農業IoTの先駆けといえる。代表的な農業センサーネットワークであるフィールドサーバーでは、インターネット経由で接続されたセンサーの値やカメラ画像の取得、かん水や暖房など周辺機器の操作を行うことができる（図2）。インターネット経由で画像を取得できるネットワークカメラなども、農業現場では重要なIoT機器として特に畜産業で利用されることが多い。

しかしながら大部分の農業センサーネットワークは電力、通信、コストなどの問題から、従来の気象計測装置のデータをインターネット上で見られるようにしただけのものとなっている。遠隔操作を実現するIoT機器としては、水田の給排水バルブをスマートフォンやPCから操作して水管理を制御する圃場水管理システムなどが存在する。施設園芸分野においては、環境計測を行うセンサー機器、換気・カーテン・暖房などの制御機器を、それぞれ一つのノード（集合点）としてインターネット通信規格で自律分散的に環境制御を実行するユビキタス環境制御システムなどが農業IoTといえよう。IoT機器によって遠隔操作が行えるものは現時点ではあまり多くなく、大部分は現場の情報を把握するものが現状である。

農業IoT機器を利用することで、特に大規模施設や分散圃場などの見回りにかかる労力の軽減ができ、管理作業を効率化する上での重要な役割を担う。また、これまで独立して記録されてきた農作業日誌や栽培管理記録などを電子化して、インターネット上で扱えるようにするデバイスやソフトウエアなども、農業IoTとして重要な役割を果たす。

このようにして集められた情報は、農業IoTサービスによって視覚的に分かりやすく提示され、農業従事者が効率的な営農栽培管理を行うための支援情報として提供することができる（図3）。単に計測された情報を提

図3 農業IoTサービス

図2 農業IoT機器

フィールドサーバー　画像計測ユニット　UECS環境制御システム　圃場水管理システム

示するだけでなく、インターネット上にあるさまざまな情報も適宜利用しながらこれらの情報を解析することで、生育予測や病害虫発生予測といった、より現場が必要としている情報を提供する農業IoTサービスも開発が進められている。また最近ではトラクタなどの運転記録情報やドローンによる圃場広域計測データなども集められるようになり、これらも農業IoTの一部として扱うことができる。

いかに機器コスト、設置労力抑えるか

　農業現場のIoT化が進む一方で、これを実現する上で農業IoT特有の課題が幾つか存在する（図4）。まず、農業IoT機器は環境条件の厳しい圃場に設置・運用を行う必要があるため、日射、風雨、虫、ほこりなどに耐え得るよう工夫が必要となる。またインターネットへのデータ送受信が必要なため通信回線を要するが、圃場はインフラ環境が悪いため圏外であることも多く、無線LANなどで中継する場合も植物体水分などで電波が減衰するため、長距離安定通信を行うには技術を要する。さらに安定した回線を保持するための費用負担や、通信機器を稼動させるための消費電力の確保を行わなければならない。そのため近年では、LoRaをはじめとする通信速度は遅いが低消費電力で長距離通信が可能な920MHz帯の通信に期待が寄せられている。

　IoT機器は多数設置して点から面への拡大が期待されているため、機器のコストや設置労力などをいかに抑えるかが重要な課題となっている。特に農業現場は管理作業でさまざまな農業機械が入るため、農作業の邪魔にならない設置方法を考慮する必要がある。そのためには消費電力を抑え、内蔵電池やソーラーパネルで長期安定稼動できるよう小型化するのが一般的である。だが一方で無線通信を間欠動作などで消費電力を抑えると、大容量通信や常時インターネット接続を必要とする高解像度画像などの取り扱いやIoT機器による遠

図4　農業IoTの課題

隔操作が難しくなるといった課題も存在する。

　また、情報が全てインターネット上に集約されることで、情報漏えいやセキュリティーなどのリスクも懸念される。特に環境制御を農業IoT機器で行うようにした場合、管理者以外の者から違法に操作されてしまうと大問題となる。そうでなくとも、計測データの値が変だったり、遠隔操作が正しく動作していなかった場合に望んでいた栽培管理と異なり、大きな被害を被る可能性も存在する。

　一方でIoT機器を利用するものの、情報がローカルのネットワーク内で閉じてしまっている事例も多く見受けられる。この場合、セキュリティーは向上するものの、利用者は決まった場所でしかデータの閲覧や機器の操作ができないため、IoTが持つメリットを享受できない。また取得される情報がそのグループ内でしか利用できない情報のサイロ化も起こりやすく、IoTによる相互のデータ連携・活用の機会が失われるといった課題がある。

これまで以上のデータ集約に期待

　IoT機器によって、農業現場の情報がこれまで以上に集約されるものと期待される。農業現場は一つとして同じ環境は存在せず、同じ作物、栽培手法でも多くのデータを収集してビッグデータを構築することができれば、これまでにないさまざまな知見が得られるものと思われる。また、ある目的で取得されたデータも単にその目的のためのアプリケーションで利用するだけではなく、いろいろな場面に広く活用されていくことで、スマート農業をより加速することが期待される。

I部 入門編

農業ビッグデータ

農研機構農業技術革新工学研究センター　深津 時広

農業ビッグデータとは

　ビッグデータとは多様な種類の膨大なデータを集めることによって、従来とは異なる新たな意味のある情報を引き出すことができるものを示す。農業ビッグデータでは、環境情報・作物情報・病虫害情報・生産管理情報などを面的・時間的に大量に蓄積することで、生産性の向上につながるさまざまな支援情報を抽出し、スマート農業の実現に寄与することができる。

何ができるか

- AI（人工知能）技術によるデータの学習・解析に利用することができる
- 主に画像から目的の対象（花、穂、果実）などを自動検出・分類できる
- 単一圃場の単一モデルでなく、場所、品種、栽培などにとらわれにくい汎用的なモデルを構築できる
- 栽培管理を支援する情報の提供や効率的な育種を実現するフェノタイピング技術の提供を行うことができる

多様な意味を持つ膨大なデータ

　近年、ICTの進歩によりさまざまな情報を効率的に取得することが容易になってきた。従来の収集されるデータに比べ、量もさることながら質的にも多様な意味を持つ膨大なデータがビッグデータと呼ばれ、注目を集めている。ビッグデータは一般的にデータ量を示す「Volume」、データの蓄積速度を示す「Velocity」、データの多様性を示す「Variety」、データの価値を示す「Value」、データの正確性を示す「Veracity」を幾つか備えることが求められている。逆をいえば、単にデータの収集間隔を短くして大量に集めたものは、情報量もさほど増えず価値や多様性も低いためビッグデータとは呼びにくい。ビッグデータとして重要なのは、集められたデータから従来の解析とは異なるアプローチによって新たな意味のある情報を引き出すことである。

　ビッグデータが脚光を浴びるようになったのは、ICTの進歩により今まで取得できなかった多様なデータを自動的に収集できるようになった他、画像や文章をはじめとする構造化が難しいデータを管理できるような技術や、膨大な多様データを解析処理する技術が発展してきたためといえよう（**図1**）。特にビッグデータの分析によく用いられる、深層学習をはじめとするAI技術によって相互に発展し、両者は共に欠かせない存在となっている。そのためAIの学習にビッグデータを利用する場合、例えば画像などでは「どこに、何が映っているか」といったアノテーション（タグ付け）されたデータが強く求められる。またビッグデータは、分析によって

図1 データとビッグデータ

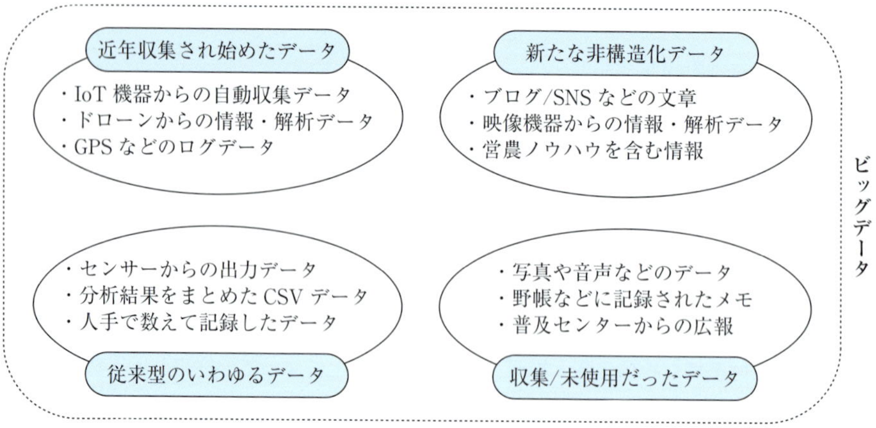

- 近年収集され始めたデータ
  - IoT機器からの自動収集データ
  - ドローンからの情報・解析データ
  - GPSなどのログデータ
- 新たな非構造化データ
  - ブログ/SNSなどの文章
  - 映像機器からの情報・解析データ
  - 営農ノウハウを含む情報
- 従来型のいわゆるデータ
  - センサーからの出力データ
  - 分析結果をまとめたCSVデータ
  - 人手で数えて記録したデータ
- 収集/未使用だったデータ
  - 写真や音声などのデータ
  - 野帳などに記録されたメモ
  - 普及センターからの広報

（全体でビッグデータ）

何かの因果関係を見つけ出すことが目的であるため、関連のあるデータをセットで蓄積することが求められる。

ビッグデータを活用した主な事例としては、SNSや個々の行動履歴を基にした販売促進、コールセンターでの応答や顧客の声などを基にした対応サービスの改善、建物の環境データや人の動きなどを基にした空調・照明などの省エネ、膨大な医療文献やカルテなどを基にした診断支援などが挙げられる。

農業分野での活用

農業分野においても、ビッグデータの活用が大きく期待されている。農業分野の場合、取得される情報は大別すると「環境情報」「作物情報」「被害要因情報」「生産管理情報」などが挙げられる（**図2**）。これらはセンサーを用いて数値情報として得られるものや、画像として得られるもの、サンプリングして化学分析で得られるもの、農家が手動で記録しているもの、農家の頭の中にしかないものなど多岐にわたっている。

■環境情報

特に温度・湿度・日射量などの気象情報は計測機器で自動測定できるため、比較的簡単に蓄積可能である。しかしながら、広い圃場のどの地点を何カ所、どのように計測するかなど注意深く検討する必要がある。気象以外の環境情報も農業現場では強く求められており、水深、土壌水分、肥沃度、二酸化炭素濃度、葉のぬれなどが存在する。中には土壌微生物や土壌組成といったセンサーでは計測が

図2 農業分野で取得される情報

・環境情報	・気象計測の項目（気温・湿度・日射量） ・農業特有の項目（土壌水分・肥沃度・葉ぬれ）	
・作物情報	・植物生理学的要素（樹液流・糖度・光合成量） ・作物の形質指標（草丈・LAI・葉色・NDVI） ・生育ステージ（幼穂長・開花期・出穂期・熟度）	
・被害要因情報	・作物被害の兆候（しおれ・病斑・食害・被害額） ・要因・関連情報（害虫・鳥獣検知・GISデータ）	
・生産管理情報	・農作業情報（栽培記録・農作業日誌・農機のログ） ・経営/流通（資材費・収量・出荷先・市場データ）	

難しい項目も存在する。

■**作物情報**

　草丈、葉色、LAI（葉面積指数）、NDVI（正規化差植生指数）などが挙げられる。これらはリモートセンシングをはじめとする画像による計測や手動による記録で行われることが多いが、近年のドローンによる広域計測によってビッグデータ化が進んでいる。また、作物の生育ステージの把握や収穫予測のための開花検出や果実計測なども、重要な作物情報として取得が求められている。これらは近年のAI技術を用いた画像解析によって効率的にデータ取得することが期待されている。

■**被害要因情報**

　害虫の飛来情報や病斑の観測、鳥獣の検知や作物の食害といった作物被害の原因となる対象、被害状況、作物被害を防ぐための情報などが挙げられる。これらは鳥獣被害マップのように周辺の地理情報や自身の圃場以外の被害情報、さまざまな関連情報などを組み合わせることで、より有用な情報が引き出せると期待される。

■**生産管理情報**

　どのような栽培管理を行ったかの作業記録やトラクタなどの運行記録、植物工場の制御機器のログなどは、農業生産システムを総合的に解析する上で重要な情報であり、資材費、収穫量、出荷価格といった流通管理情報と併せて、スマート農業を実現するための重要な農業ビッグデータの一つといえる。

農業ビッグデータ構築に向けた課題

　農業ビッグデータを構築するに当たり、まず大量のデータをどのように取得するかが大きな課題となる。IoT機器の発達により、さまざまな情報を効率的に取得する仕組みは生まれている。しかしながら、電子機器を圃場のような環境条件の厳しい所で利用するには熱、雨、虫などの対策が必要となる。また電源や通信の確保も大きな課題となる。特にビッグデータとして圃場の多地点でデータを収集する場合は、設置の労力や運用のコストなども大きく影響するため、これを抑える手法が重要となる（**図3**）。データも画像のようにサイズが大きい場合には、電源や通信の容量を考えるとインターネット上に自動送信するのは難しく、現実的には人手で回収することとなる。またドローン計測などでは大量のデータが取得できるものの、自動で離着陸、充電、データ転送などをする仕組みは確

図3　設置労力低減のための手法
　ソーラーパネル（発電効率重視から設置労力の削減へ）

　画像計測機器（画像品質重視から設置労力の削減へ）

図4 農業ビッグデータを用いた研究の一例

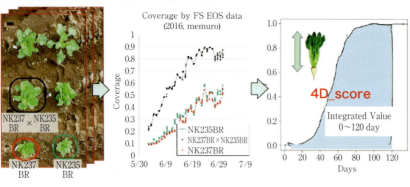

※蓄積されたビッグデータを基に、てん菜の作物画像から収量（根重）を予想する研究

立しておらず、安全性の観点からも人手で行わなければならない。

次に大量のデータを収集・蓄積できたとしても、これをビッグデータとして利用できるよう対応する必要がある。基本的には取得したデータが、「どこで」「誰が」「どんな計測器で」「どのように」「何を対象に」計測されたものかなどが分かるメタデータを付与する必要がある。メタデータは、データ所有者の頭の中に入っていても他人が分かるよう明記されていないことが多い。また記載方法も、ガイドラインなどに沿って記載されていなければ所有者以外の利用が難しいのが現状である。一方で、このようなメタデータを現場の農業従事者が忘れずに全て入力するのは多大な労力がかかるため、この部分の効率化が重要な課題となる。

農業現場では、常に同じ場所で同じ作物を栽培しているわけではなく、厳しい環境下では故障などで計測機材の入れ替えなども起こるため、どのデータが何を指しているか分かるようにする仕組みが重要となる。またデータは主にタイムスタンプで管理されるが、常に正確な時刻が記録されているとは限らないため、複数のデータを組み合わせるときなど注意が必要である。

活用事例

農業ビッグデータの活用事例としては、現在のところ、大量の画像データから深層学習による検出・分類を行うものが多く見受けられる。一例としては稲、麦などの出穂期、開花期を把握するに当たり、画像データから出穂、開花しているものを検出する研究や、トマトなどの果実を検出して熟度によって分類する研究などが挙げられる。きゅうりの分類・仕分けを画像データから行っている事例などもある。

施設栽培では、学習データを基に施設の環境データから病害を予測する事例などがある。海外では、植物の葉の画像から病害のものを検出し、その度合いを推定する研究なども行われている。また最近では、育種における個体選抜や交配の効率化に、ビッグデータの利用が期待されている。蓄積されたビッグデータを基に、てん菜の収量（根の重量）を地上面の作物画像から予測するモデルを構築する研究なども行われている（図4）。

農業分野においてビッグデータを活用するには、環境や栽培条件の異なる多様なデータを集める必要がある。そのためにはデータ保有者が自身でデータを抱え込むのではなく、多くの農業現場で取得されるデータをうまく共有できる枠組みが必要となる。データを提供する側、利用する側が双方共に得をするシステムを構築することができれば、農業ビッグデータの蓄積はより加速するものと思われる。

Ⅰ部 入門編

人工知能（AI）

東京大学／ドリームサイエンスホールディングス㈱　平藤　雅之
東京大学　郭　　威

人工知能（AI）とは

　人工知能とは、人間の知的機能と同等の機能を持たせたコンピューターのこと。郵便番号の自動読み取りなどのようにコンピューターで簡単にできるようになると人工知能とは呼ばれなくなる。自己認識を行う意識、発明などを行う高度な機能はまだ実現できていない。

何ができるか

- 文字や顔などのパターンを学習し認識する
- チェスや将棋のような論理的な判断
- 音声を認識し翻訳や質問への回答など
- 為替レート、株価、作物の生育などの複雑な現象の予測

農業はスイッチを入れるだけの時代へ

　農業ロボットが黙々と農作業をする緑の美しい無人農場。その傍らではフィールドサーバー（設置型定点モニタリングロボット）やドローンが環境や作物のデータを収集。長年収集した膨大なデータを統合したビッグデータから最適な栽培方法や作業計画が見いだされ、農業ロボットが即座に実行。病害虫の発生、機器の故障など何か異常が発生すると、防除ドローンや救命ロボットが駆け付ける。ビッグデータを基に、その地域にあった新しい品種が続々と開発され、行列のできる農家レストランの食材に供される。
　これが人工知能（AI）農業の具体的なイメージの例である。人工知能が人間の知的作業も代替してくれるので、農業の仕事はスイッチを入れるだけである。これが実現するには、あと30年はかかるだろうが、人生100年時代を迎え、現在の中高年層もこの時代を経験することになるだろう。農作業や栽培管理を必要に応じて自動化できるようになると、高齢者の生きがいとしての農業、食を含めた創作活動としての農業、室内緑化と一体化した農業など多様な農業が登場し、未来の快適で健康的な生活を創り出すけん引力になると予想している。
　現在の人工知能が得意とするのは、人間の知的作業である。特に囲碁や将棋といった、いわゆる「頭が良い」と言われてきた知的作業ほど人工知能に置き換えやすい。そのため、人工知能の進歩によって楽になると同時に、「ホワイトカラー（事務系）の仕事がなくなる」という心配もある。実際には不要とされる人たち（「不要層」と呼ばれる）の多くは富裕層でもあり、趣味や旅行などで生活を楽しめばよい。しかし、富裕層ではない不要層はどうやって食べていけばよいだろうか。人工知能農業は、「少なくとも生存に不可欠な食料は働かなくなくても誰もが得られる」と

いうセーフティーネットになると考えられる。

コンピューターの指数関数的な進歩

　この30年先という予測は、コンピューターの能力が3年で4倍になるという「ムーアの法則」と呼ばれる経験的な法則に基づいている。30年だと100万倍になる（4×4×…×4と、4を10回掛けると100万）。逆に30年前のパソコンは今のパソコンよりも100万倍遅かった。ワープロや表計算だと、その実感はあまりないかもしれないが、当時のピコピコ音しか出さなかったテレビゲームは実写と区別がつかないくらいにリアルになり、eスポーツやユーチューバーが人気の職業になった。この間、工業の生産性を飛躍的に向上させた。100円ショップに並んでいる商品やスマートフォンなど、良いモノがどんどん安くなるというすさまじいデフレ社会を産み出した。しかし、農業ではほとんど大きな変化は見られない。それはなぜであろうか。

　その原因の一つは、農業従事者が高齢化し、どんどん進歩する情報技術への受容性が低いことであった。しかも、機能はまだまだ未熟であり、高齢者が使うには難し過ぎる。コンピューターをちょっとした業務に取り入れようとしても複雑な操作が必要であり、高齢者にはとても手が出るものではない。人工知能の用途の一つは、車の自動運転のように農業機械などの操作を高齢者でも簡単かつ安全に使えるようにすることである。今後、気が付かないうちにどんどん普及していくだろう。もう一つの原因は、農業という生産システムが、生物と自然環境が関わるあまりに複雑なシステムであることである。コンピューターを活用するには、その複雑さに見合った膨大なデータが必要であったが、作物、雑草、害虫、微生物、家畜、土壌、気象などのデータを入手する手段がなかった。計算すべきデータがなければ、コンピューターは空回りするだけである。

　30年前、第2次人工知能ブームが起きた（現在は第3次人工知能ブーム）。当時の農水省は人工知能の研究プロジェクトをスタートさせ、われわれも参画した。狙いは、専門家の専門的知識や農家の経験的知識を抽出し、コンピューターに移植して活用することである。入手可能なデータがほとんどないため、その代わりに人間の知識を利用しようとしたわけである。しかし、その肝心の知識も人手をかけて集める必要があり、手間がかかり過ぎた。ヒアリングして得られる知識は論文や専門書に載っている知識と何ら変わりはなかった。論文やヒアリングで知識を集めるよりも、データを集める方がむしろ手間がかからないと思われた。

　そもそもデータが少ない状況における人間の予測や判断は「占い」に近いものとならざるを得ない。科学的・合理的な意思決定をするための近道はないのである。

ニューラルネットワーク

　IoTやドローンなどの技術が進歩し、圃場において大量のデータを収集することが可能になってきた。その間、ニューラルネットワークと呼ばれる人工知能の新しい技術が飛躍的に進歩した。ニューラルネットワークは脳の神経細胞を単純化したコンピューターモデルを多数つなぎ、人間の脳の学習やパターン認識の機能を模倣するコンピュータープログラムである（図1）。

　ニューラルネットワークにはデータを入力する神経細胞からなる入力層と認識結果を出力する神経細胞からなる出力層がある。本物の脳の神経細胞には目や皮膚からの刺激が入力されるが、コンピューターモデルではカメラやセンサーの測定値などが入力される。本物の脳の神経細胞はシナプスで接続されており、コンピューターモデルではその接続の強さを重みづけパラメーターで表現する。入力層に入力されたパターンに対応した値がシナ

図1 ニューラルネットワークの構造

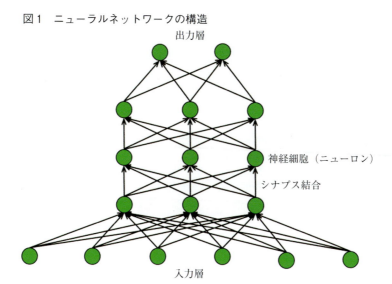

プス接続を経由して、途中の中間層でさまざまな値に変換され、最終的には出力層の神経細胞に伝えられる。

　入力層に画像などのデータを入力したとき、それに対応した認識結果が出力層に出力されるように、シナプス接続の重みづけパラメーターの値を決める必要がある。これを学習と呼んでいる。重みづけパラメーターは最初、ランダムに設定されており、画像に対する認識結果（出力層での出力）もめちゃくちゃである。学習させるには、まず雑草や病気などパターン認識させたい画像を撮影し、その画像の正解とセットにして一つの学習データとする。この学習データをたくさん集め、学習させる。

　学習させるための手法（アルゴリズム）は多数あり、最近よく利用されるディープラーニングはその一つである。いずれの手法でも学習の過程はほぼ同じであり、ニューラルネットワークが正しい結果を出すようにニューラルネットワーク内部にある多数のパラメーターを少しずつ修正する。パラメーターの修正は何度も何度も試行錯誤的に行われるため、学習には膨大な計算が必要であるが、近年は大規模なモデル（100層以上）でも実行できるようになった。しかも、GoogleやAmazonのような100万台規模のパソコンからなるデータセンターを所有する企業は、データセンターを丸ごと使うことで、さらに100万倍の計算能力を利用できるようになった。

現在の人工知能でできること

　農業における人工知能の応用は現在、画像のパターン認識を利用して画像による成長、病気などの評価、過去のデータから未来の状態を予測するものなどがある。幾つかはスマホアプリなどで既に利用できる。例えば「グーグル・レンズ」というアプリを使うと、撮影した画像から雑草や害虫の名称を知ることができる。農業にとって最もインパクトが大きいのはデータ収集である。懸案だった「大量のデータ収集」が可能になれば、農業の進歩への寄与は計り知れない。

　写真1は穀物（稲、麦、ソルガム）の穂を自動的に検出させた例である。出穂日を知るには、何度も現場に行かなければならない。また穂の数を数えるのも大変であるが、人工知能に出穂を自動的に検出させれば、出穂時刻や出穂数のデータを大量かつ自動的に収集

写真1　稲、麦、ソルガムの穂を識別させた例

写真2　てん菜を識別して植被率のデータを連続的に収集した例
　　　各写真の左上のグラフは識別したてん菜（3カ所の黒いエリアの3個体）の植被率の変化を表している。このグラフから両親（2個体）よりも子（F_1）の成長が雑種強勢によって圧倒的に早いことが分かる

できる。
　写真2はてん菜の成長を植被率（植物体の面積）として測定し、時系列データとして収集した例である。これを圃場全体で行うと膨大なデータを収集できる（**図2**）。

　　　　　　　　　　◇

　スマート農業関連の製品やサービスの広告で、「人工知能で収量を予測」などのキャッ

図2 育種圃場の画像(左)から多数のプロット(試験区)における植被率の時系列データ(右)を抽出した例

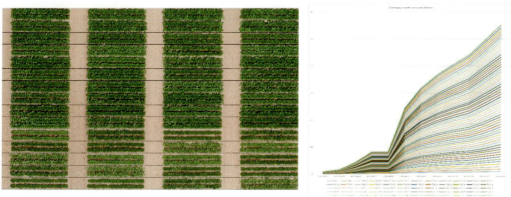

チコピーをよく見かけるようになった。人工知能というと今までになくものすごい技術に見えるため、マーケティングのツールとして人工知能と呼んでいると思われるが、実際のところ現在の人工知能はそれほどのものではない。しかしながら、指数関数的な変化というものは侮れない。最初はほとんど変化が感じられないが、変化が感じられるようになるとあっという間に進んでしまう。

ここで紹介した研究はJST、CREST、JPMJCR1512(フィールドセンシング時系列データを主体とした農業ビッグデータの構築と新知見の発見)の支援を受けたものである。

I部 入門編

ISOBUS

農研機構知的財産部　元林 浩太

ISOBUSとは

国際業界団体AEFが定義した、農業機械のための制御通信の実装標準である。国際規格ISO 11783を基礎に農作業機械の実際の利用ケースを想定して、同規格の中から必要な項目をパッケージ化したものである。AEFはISOBUSとしての認証基準を整備し、実際に認証業務を行うとともに、適合機のデータベースを作成してWeb上で公表している。

何ができるか

・農業機械上の制御機器を結ぶ車載ネットワーク
・メーカー間の壁を越えて利用できる汎用的な通信インフラ
・AEFが認証した「ISOBUS適合機」同士であれば、接続機器間の相互通信が保証される
・ネットワーク上のさまざまな情報（例えば車速、ヒッチポジションなど）を共有可能
・用いる機器次第で、車速連動制御、可変散布、セクションコントロールなどを容易に実現

　ISOBUSは、農業機械のための車上通信ネットワークの実装標準である。読み方は「イソバス」だったり、「アイソバス」だったり、多少ドイツ語的な発音で「イソブス」となったり統一されていない。しかし表記上は「ISOBUS」が正しく、「ISO BUS」や「ISO-BUS」あるいは「ISOバス」は誤りであって避けなければならない。

　なぜならISOBUSは世界の主要農機メーカーが加盟する国際業界団体AEF（Agricultural Industry Electronics Foundation[※1]）が定義した一種の商標だからであり、この団体が認証した機材のみがISOBUS適合といえる。つまり「ISOBUS」は一つの固有名詞であり、勝手に表記を変えることは適当ではないと考えられる。

　以下では、ISOBUSの概要と最近の動向について簡単に紹介する。

国際規格ISO 11783

　さてISOBUSは、国際標準化機構ISO（International Organization for Standardization）が策定する国際規格ISO 11783「農林業機械のためのシリアル制御通信データネットワーク」を基礎としている。ISO 11783規格を構成する14のパートには、総説、物理層、ネットワーク管理のような基礎的なものから、仮想端末、作業機メッセージ、タスクコントローラー、さらにはファイルサーバーやシーケンスコントロールといった高度なアプリケーションに対応する項目も含まれる。

　ISO 11783規格では、単に通信メッセージのIDやフォーマットだけでなく、ネットワーク上での動作を規定することにより、異

なるメーカーの機器が動的に着脱（プラグ・アンド・プレイ）されても安定的に機能するシステムの提供を可能にしている。

ネットワークの構成は、トラクタと作業機を結ぶ「作業機バス」に、ユーザー端末である「仮想端末（Virtual Terminal、VT）」、作業機とトラクタそれぞれをつかさどる電子制御ユニット（Electronic Control Unit、ECU）である「作業機ECU」および「トラクタECU」が接続されるのが基本である。実際には、トラクタの内部ネットワークである「トラクタ内部バス」と、作業機の内部ネットワークである「作業機内部ネットワーク」が追加されることが多い（**図**）。

これらのネットワーク要素のうち、ユーザーから見て分かりやすいものの一つに仮想端末がある。これはISO 11783 Part 6で定義される汎用端末で、ネットワーク上のECUから送信される情報を表示したり、ネットワーク上のECUに指示を送ったりするために使われる。例えばトラクタECUと通信する場合は、車速やエンジン回転数などのトラクタ内部情報の表示や、各種のトラクタ内部機能の操作に使われる。また作業機ECUと通信する場合は、例えば施肥機なら肥料タンクの残量や動作状況などの状態表示をするとともに、シャッターの開閉や施肥量の設定などユーザーからの指示の入力に使われる。仮想端末は複数の異なる画面を表示することができ、必要に応じて画面を適宜切り替えて使用する。また、規格に準拠していれば画面サイズやタッチスクリーンの有無などの異なる製品でも同じように使用することができるなど、メーカー間での互換性が規格で保証されている。

もう一つの特徴は、トラクタと作業機を結ぶ共通コネクタである。作業機バスに用いられるこの9極の防水コネクタ（**写真1**）は、作業機への電源供給と作業機制御のための信号線をワンタッチで着脱するものである。ISO 11783 Part 2で、コネクタの寸法値とそれぞれのピンの用途および最大電流値が定め

写真1　共通コネクタ（左：トラクタ側のソケット、右：作業機側のプラグ）

図　ISO 11783によるネットワークの構成例

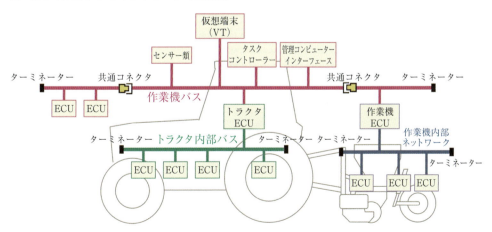

られており、メーカーが異なっても接続互換性が保証されている。通常はトラクタ後部に直装する作業機との接続に用いられるが、一部の大型機では前装作業機のためにトラクタ前部にも準備されている。なお、ISO 11783で規定するネットワークはCAN方式を採用しており、通信を安定させるためにバスの両端に終端回路を装着することが求められている。そのため前記の共通コネクタは、プラグの着脱に応じてソケット内の終端抵抗回路が自動的に開閉する構造となっている。

農機情報通信の実装標準 ISOBUS

国際規格であるISO 11783とその実装標準であるISOBUSは、同義語のように使われることが多い。それらの構成要素は基本的に同一であるが、ISO 11783がさまざまな規則の集大成であるのに対して、ISOBUSはそれらの中から特定の目的のために必要な項目を選択・抽出してパッケージ化したものと解釈することができる。

ISO 11783規格は2001年以降、各パートが順次発行されるとともに、それぞれが逐次改訂を繰り返し、現在では総ページ数が1,000ページを超える膨大なものとなっている。しかし、簡単なアプリケーションではこれらの全てを実装する必要はなく、異なるメーカー間での接続互換性を確保するために必要な最低限の項目のみを実装すればよいのである。

例えば、トラクタに装着した施肥機のシャッターを運転席の端末から開閉するだけなら、基礎的な要件の他に、仮想端末と作業機メッセージの機能だけで十分である。

このように実際の機械にはISO 11783規格の全項目を盛り込む必要はないのだが、その組み合わせが機械ごとにばらばらだと今度は接続互換性の面で不都合が生じる。そこでAEFはソフトウエア実装のためのガイドラインを策定し、主要な機能を「ISOBUS機能（ISOBUS Functionality）」として定義して互換性の適否を容易に表示できるようにした（**表**）。これらの中で「ISOBUS最低要件」はISOBUS機器として最低限満たさなければならない項目であり、ISO 11783規格のPart 3（データリンク層）、Part 5（ネットワーク管理）、Part 12（診断サービス）が含まれる。

表　AEFが定義するISOBUS機能（Functionality）

機能の名称	機能の概略
ISOBUS最低要件	メッセージ構造やアドレス管理などネットワーク管理上の最低要件
ユーザー端末（UT）	接続した端末を入出力装置として利用するための要件
外部入力（AUX）	ジョイスティックやスイッチボックスなどの拡張入力機能への対応
タスクコントローラー・BAS（TC-BAS）	散布量のトータル値を蓄積・報告するための要件
タスクコントローラー・GEO（TC-GEO）	測位情報に対応した可変処理を行うための要件
タスクコントローラー・SC（TC-SC）	作業幅を幾つかに分割するセクションコントロール処理を行うための要件
トラクタECU（TECU）	トラクタ側から車速、ヒッチ、PTO情報を送信するための基本要件
トラクタ作業機管理（TIM）*	トラクタECUが他のECUからの制御を受けるための要件
作業履歴記録（LOG）*	作業履歴を作成・記録するための要件
ISOBUSショートカットボタン（ISB）*	ISOBUSを緊急停止するための要件

＊現在開発中の機能

具体的には、通信メッセージの構造やアドレス管理などであり、これらを満たさないとISOBUSとして通信そのものが成立しないという必須項目である。その他の機能はアプリケーションの目的に応じて選択するもので、例えば「ユーザー端末」は、ネットワーク上の仮想端末と通信するために必要な項目であり、ISO 11783のPart 6に対応する。また「タスクコントローラー」は装着作業機の自動的な操作を行うための項目で、ISO 11783 Part 10の内容から3つの機能が定義されている。

AEFはこれらの機能に対応して認証試験を実施しており、その認証試験に合格した機器のみが「ISOBUS適合」と称することができ、既定のステッカー（**写真2**）を表示することが許される。つまりISOBUSという用語は、AEFの認証試験をパスしなければ使えない。そしてこの時、どのISOBUS機能について合格したかが重要となる。例えば前記の「トラクタ＋施肥機」の組み合わせの場合、トラクタ内に装着される仮想端末は「最低要件」と「ユーザー端末」機能に適合していればよい。装着作業機も同じ「最低要件」と「ユーザー端末」機能が必要だ。これで仮想端末上のボタン操作で、施肥機のシャッター開閉や開度調節が可能になる。

しかしこの段階では、ユーザーが端末を介していちいちボタン操作しなければならない。より高度な機能として、例えばあらかじめマップ情報を読み込んで、GNSSに対応した自動的なシャッター開度調節をする可変散布まで実現するためには、作業機だけでなく端末も「TC-GEO」機能に対応している必要があるし、セクションコントロールを行いたければ「TC-SC」機能も必要になる。施肥機だけ、あるいは端末だけの対応では、この機能は実現できない。「最低要件」さえクリアしていればそれはISOBUSだが、それ以上の機能は、接続機器の双方が対応していなければ実現できない。

AEFはISOBUS認証に加えて、ISOBUSデータベース[※2]の運営を行っている。このWeb上のデータベースには、AEF認証済みのISOBUS適合機が網羅的に掲載されており、メーカー名、機種カテゴリー、ISOBUS機能などから検索表示できるとともに、複数の機材の組み合わせで実現可能なISOBUS機能を一覧表示できる。例えば手持ちのトラクタや端末を入力すると、どの作業機を買えばどのISOBUS機能が実現できるかなどを一目で確認できる。なお、このデータベースはユーザー登録すれば誰でもパソコンやスマートフォンから利用可能である。

ISOBUSのメリットと普及情勢

ISOBUSは、それまではメーカーごとに通信方式が違って相互に接続できなかった異なるメーカーのトラクタと作業機を接続して運用するためのツールとして、2000年ごろから欧米で普及が始まった。このことは、例えば作業機メーカーはISOBUSの共通プロトコルさえ習得して実装できれば、作業機ごとに専用の操作端末を開発しなくても、トラクタメーカーや他社の端末を利用できるというメリットを生んだ。実際にドイツでは、作業機メーカー数社が共同で仮想端末を開発して、それを各社にOEM供給して市販化したという事例もある。

写真2　ISOBUS認証ステッカー

一方、トラクタメーカーにとっても、ISOBUS端末さえ標準装備しておけば、車速やヒッチ位置などのトラクタ内部情報も簡単に共有でき、異なる作業機への対応も容易になった。当初は制御機器のコストが高かったこともあり、ISOBUSは欧米でおおむね150馬力以上の大型機を中心に普及が始まったが、さまざまな作業機に共用できる汎用端末として捉えられていたにすぎない。

　汎用端末としての普及がひと通り進むと、次は圃場管理コンピューター（Farm Management Information System、FMIS）とのインターフェース、ジョイスティックなどの拡張入力装置への対応、そして圃場精密管理のためのマップベース可変散布や作業幅の分割制御といったタスクコントローラーとの連携など、さまざまな新しい機能がISOBUS上で利用可能になってきた。

　特にFMISとの連携では、圃場作業の処理マップを事前にPCで作成して「ISO-XML形式」のデータとしてトラクタに持ち込み、圃場内ではGNSSの測位情報を参照しながら自動制御作業を行って、その履歴を再度パソコンに集積・管理するという現代的な農法に不可欠な中核システムとしてISOBUSが用いられている。また仮想端末は、当初はISOBUS操作端末という単機能の物のみであったが、最近ではカメラシステム、ファイルサーバー、各種センサーシステムや自動操舵支援システムなどが統合された複合端末も市販化されるに至り、仮想端末はタスクコントローラーなどと共にアプリの一つとして端末にインストールされるようになった。

　さらにISOBUS作業機は、無人作業を行うロボットトラクタの相棒として近年注目されている。これはISOBUS作業機がもともと外部機器からの汎用的な指示で動作する物であるため、無人のロボットからコマンドで操作するのに適しているためである。

　ところでISOBUSは作業機制御のためのシステムだと思われがちだが、2018年のEIMA国際農業機械展（イタリア）では、あるメーカーからISOBUS対応の運転席シートが発表されて技術賞を受賞した。これはシートのコントローラーをISOBUSに直結することにより、ISOBUS上の仮想端末を操作インターフェースとして使うものだ。このように、作業機制御の場面においてメーカー間の壁を越えるために開発されたISOBUSは、今ではさまざまな機器が情報を相互に交換して高度利用できる汎用的な情報インフラになってきたといえる。

今後の展開

　AEFにおけるISOBUS仕様拡張についての検討は今も続いている。それは既に出版済みのISO 11783規格の範囲を超え、新たな実装仕様を提供してISO規格化していく段階になっている。例えば小型で低コストな機械のためのネットワーク物理層の仕様は、AEFのプロジェクトチーム（Project Team 3）での4年に及ぶ審議・検討の結果、19年にTPPL（Twisted Pair Physical Layer）としてISO 11783 Part 2に追加された。

　最近、ISOBUSに関して最もホットな話題はTIM（Tractor Implement Management）である。作業機側からヒッチやPTO、車速などのトラクタ内部機能を制御することは、実際の農作業を行う上で非常に有益なことであり、既にそのための基準が「トラクタECUクラス3」としてISO 11783に記述されている。しかし実際問題として、メーカー間の互換性を担保しつつこの機能を実現するためには、安全性を考慮したさらなる仕組みが必要であり、AEFでそのためのガイドラインを検討している。トラクタ内部機能を外部に接続された異なるメーカーのECUからでも操作可能にするこのガイドラインは、19年中にはISOBUS機能の一つとして採択される予定であり、それに対応した認証試験も

写真3　2018年開催のEIMAに出展されたTIM対応トラクタと作業機

20年には実施される見込みである。「ISOBUS-TIM対応」のトラクタや作業機が市販化される日も近いが、18年のEIMA農業機械展では既にそのプロトタイプが数社から発表され（**写真3**）、そこでは早くも「TIM元年」の様相を呈している。

その他のアイテムとしては、通信速度の向上を狙った高速ISOBUS（High Speed Isobus、HSI）や、ISOBUSの延長と位置付けられる圃場内作業機同士の無線通信の仕様（Wireless In-field Communication、WIC）などが挙げられる。これらはいずれもAEFのプロジェクトチームで仕様の検討が進んでおり、近い将来、新しい規格として公表されると思われる。

※1　https://www.aef-online.org/
※2　https://www.aef-isobus-database.org/

I部　入門編

メッシュ気象データ

北海道大学　鮫島 良次

メッシュ気象データとは

日本全体をカバーする1km×1kmの全ての格子点の日平均・最高・最低気温の月平均値や降水量の月合計値の平年値データ。「農研機構メッシュ農業気象データシステム」では、さらに日別の値や実況値（ある年、ある日の値）、予報値も利用できるようになっている。

何ができるか

・任意の地点の気温や降水量を知ることができる
・日別の平年値および実況値を知ることができる
・メッシュ気象データの利用により、きめ細かな栽培管理支援情報が作成できる

任意の地点の気象要素の値を推定

わが国には気温、風、日照、降水量の「4要素」観測を行うアメダス観測所が約840カ所あり、おおむね21km四方に1カ所が配置されている。アメダス観測値はこの21km四方の地域を代表する値となっている。しかし、その地域内にはアメダス観測所と標高や地形的特徴が違う地点もある。そのような地点の気温など気象要素の値はアメダス観測所とかなり相違してしまう。そこで気象観測が行われていない任意の地点の気象要素の値を、アメダス観測値を基にして、さらに地形的特徴を加味して推定できないだろうか、という要望が生じた。

この要望には、「地形因子解析法」に基づく重回帰式を用いると応えられる。地形因子とは、その地点の標高や勾配などである。これらの地形因子を説明変数として、気温など気象要素の値を推定する重回帰式を求めれば、任意地点の気温が推定できる。

日本全体に緯度・経度方向の細かな網目（メッシュ）をかけて、各メッシュの気象要素の値が推定されており、メッシュ気象データなどと呼ばれている。メッシュの区切り方は**表1**のように決められている。このうち3次メッシュはおおむね1km四方であるので1kmメッシュと呼ばれる。ただし、緯度・経度に基づいて区切られているので、地点によりメッシュの辺の長さは異なる。縦（南北方向）は日本中で約925mと大差ないが、横（東西方向）は札幌で1,018m、那覇では1,249mである。個別の圃場に対応する情報が必要とされる生産現場で1kmメッシュで

表1　標準地域メッシュの区分方法

呼び名	緯度、経度の幅	地図との対応*
1次メッシュ	40′、1°	20万分の1地勢図
2次メッシュ	5′、7′30″	2万5,000分の1地形図
3次メッシュ	30″、45″	—

＊1次、2次メッシュは国土地理院の地図の範囲に対応している

も解像度が不足する場合は、3次メッシュをさらに16分割または400分割した250 m、50 mメッシュも用いられている。さらに5 mメッシュの気象要素の推定も試みられている。

メッシュ気象データへの期待

わが国初のメッシュ気象データは、気象庁が広島県を対象として1982年に作成した。その後、全国をカバーする1 kmメッシュのメッシュ気候値が気象庁により整備された。メッシュ気候値に含まれる気象要素は、日平均・最高・最低気温の月平均値、降水量の月合計値、月の最深積雪の、それぞれの平年値である。これらは「月別値の平年値」と呼ばれる。

メッシュ気象情報の農業利用が増加し注目されるようになると、地域農業試験場の推進会議などでメッシュ気象情報に関する研究会が多く開催され、各地でメッシュ気象データの農業利用が広まった。気象庁のメッシュ気候値を加工して日別の平年値を推定したり、さらにアメダスの日々の観測値とメッシュ気候値を統合して日別の実況値を推定する手法が開発された。

その後、メッシュ気候値を作成するための基礎資料であるアメダス平年値を1971〜2000年の30年間の値に更新して、さらに日照時間の月合計値と日全天日射量の月平均値も追加した「メッシュ気候値2000」が作成された。その10年後、平年値が1981〜2010年に更新された機会には「メッシュ平年値2010」が作成された。これらのメッシュ気候値はCD-ROM（CSV形式、気象業務支援センター）やWeb（GMLおよびシェイプ形式、国土数値情報ダウンロードサービス）により入手できる。

メッシュ気候値（月別平年値）

メッシュ気候値（月別平年値）は、以下の方法で作成されている。各気象要素について、全国のアメダス観測値を目的変数、アメダス観測地点を含むメッシュの地形的特徴を表す地形因子（表2）を説明変数として重回帰式を求める。地形因子には「国土数値情報」の1 kmメッシュの標高データなどが使用された。「メッシュ気候値2000」からは地形因子に加えてヒートアイランドの影響も取り込むために都市因子として「人工被覆率」が使用されている。人工被覆率は対象メッシュを中心とする複数メッシュにおける建物用地および幹線交通用地などが占める割合である。地形因子の数は多いので、変数選択法で使用する地形因子が選出されている。全国を一つの重回帰式で表すのは難しいので、全国を幾つかの領域に分け、それぞれで重回帰式を求める。領域の数は、「メッシュ平年値2010」の場合は、例えば平均気温と日最低気温については全国を3領域、降水量（4〜9月）は12領域に分けている。以上により、全国すべてのメッシュの気候値が重回帰式により推定できる。

もちろん一つの重回帰式で広範な地域の気象を正確に推定することは不可能で、推定値は誤差を含んでいる。そこで、次のような補正が行われている（図1）。アメダス観測地点を含むメッシュには観測値があるので、推定誤差を知ることができる。この推定誤差を

表2 地形因子

地形因子	地形因子の説明
緯度	—
経度	—
海岸距離	海岸までの最短距離
標高*	平均標高
起伏量*	標高の差
陸度*	海水域でないメッシュの割合
勾配*	当該メッシュを中心とする平均勾配（4方位）
開放度*	当該メッシュより標高が高くない周辺メッシュの割合

＊当該メッシュを中心とする複数のメッシュを対象としている

図1　重回帰式による推定値の補正

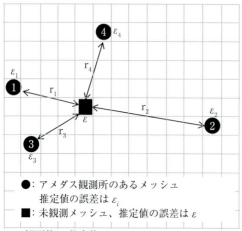

ε_i＝観測値$_i$－推定値$_i$
εはε_1〜ε_iの平均値（距離riに反比例する重みを考慮した平均）
推定値の補正値＝推定値＋ε

日別値の農業利用

メッシュ気候値は月別の平年値であるが、気象庁の開発した調和解析法により月別値を"補間"して日別値（毎日の平年値）が推定できる（**図2**）。こうして推定した過去数十年の毎日のデータが「農研機構メッシュ農業気象データ」に掲載されており、研究・開発・教育・試用のために利用できる[1]。

その年のその日までの気象の経過を作物の生育モデルや病害虫発生予察モデルに入力して、作物の状態や病害虫の発生リスクを評価し、それに基づいて栽培管理を支援する情報をつくる場合には、平年値ではなくその年の毎日の日別値、すなわち実況値が必要である。

ある年ある日の実際の実況値の1kmメッシュ値（リアルタイムメッシュとも呼ばれる）は次のように推定されている。未観測メッシュにおける実況値（もしそのメッシュで気象観測をしていたら得られるであろう実況値）と平年値の差（平年差）を、周囲の観測地点を含むメッシュにおける平年差から推定する。この作業は**図1**の「推定値の誤差」を「平年値との差」で置き換えて考えると理解しやすい。その平年差を平年値に加算すると、未観測メッシュの実況値を推定できる。

未観測メッシュの実況値の推定精度を十勝で調べた例によると、日別値の二乗平均平方根誤差は、平均気温・最高・最低気温でそれぞれ0.8℃、1.0℃、1.5℃であった。やや大き

利用して、アメダス観測地点のない未観測メッシュの推定値も補正する。未観測メッシュの推定値の誤差（もしそのメッシュ内で気象観測を行っていたら得られたであろう観測値との差）を、周囲のアメダス観測地点メッシュにおける誤差の平均として推定する。単純な平均ではなく、近い場所にある観測地点の重みが大きくなるように考慮する。この推定誤差を重回帰式による計算値に加算して補正値を得る。なお、アメダス観測地点とメッシュの平均高度が相違する場合は、1m当たり0.006℃の気温低下率によりメッシュ平均高度での気温に補正する。

メッシュ気候値（メッシュ平年値2010）の推定精度は、二乗平均平方根誤差で平均気温0.4℃、日最高気温0.5℃、日最低気温0.9℃、降水量26.1mm（18％）、日照時間9.9時間（7％）、最深積雪25cm（36％）で、バイアス（誤差）はいずれも0に近い。全天日射量は日照時間から推定しているので、その誤差は日照時間メッシュ値の誤差と日照時間からの全天日射量の推定誤差の和で、およそ10％である。

図2　月別平年値を補間して日別値を得る

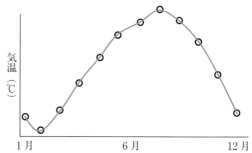

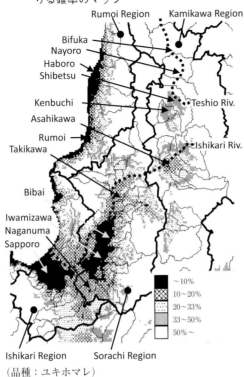

図3　6月1日に播種した大豆の成熟前に霜が降りる確率のマップ
（品種：ユキホマレ）

い値だが、旬平均だと0.3℃、0.3℃、0.5℃と誤差は小さくなる。

　ところで、0.3℃の観測精度の気温観測を行うためには、気温センサーを放射よけで覆い、かつセンサー周囲に外気が吹き抜けるように「通風筒」を用いるなど相当に慎重な作業が必要となる。安易な観測を行うと、気温センサーが日射や周囲からの熱放射の影響を受けるため、数℃の誤差を生じることがある。現地で気温観測を行うより、メッシュ気象データを使用した方が正確な気温データを容易に入手できる場合が多そうである。

　以上で気象庁のメッシュ平年値や、それを基にして作成される各種メッシュ情報について説明したが、そこに含まれない気象要素、例えば根雪期間や降霜日についても、独自に重回帰式を作成して1kmメッシュの値が推定され、栽培管理支援情報開発に応用されている[2]。生育モデルによる生育予測と降霜日の統計値を組み合わせて作成された栽培支援情報の一例を図3に示す。

　さらに農研機構メッシュ農業気象データでは平年値、実況値に加えて、最長26日先までの予報値を含む1kmメッシュ値も利用できるようになっている[1]。全球気候モデルで予測した将来気候を1kmメッシュにダウンスケールしたデータも掲載されている。

【参考文献】
1) 農研機構メッシュ農業気象データ（https://amu.rd.naro.go.jp/wiki_open/doku.php?id=start、2019年7月31日現在）
2) 水島俊一（2007年）「畑で読む　北海道の農業気象」北海道協同組合通信社

Ⅰ部　入門編

情報端末

北海道大学　岡本 博史

情報端末とは

情報端末とは、データサービスにおいてユーザーがシステムにアクセスする際に使用するコンピューター機器（PC、スマートフォン、タブレットコンピューターなど）のことで、営農支援システムなどの農業向けデータサービスにおいても使用される。

何ができるか

・データの入力（栽培履歴など）
・データの管理
・データの可視化・閲覧（蓄積された各種農業データ）
・データの分析（有用情報の抽出）

農業の情報化においては、さまざまなセンサー機器などからの情報を収集してデータベースに蓄積した後、データ分析を経て有用な情報を得る。こうした有用な情報はさまざまな形で活用されるが、生産者や流通業者などユーザーがその情報にアクセスすることで活用される場合も多い。こうした場合に活用されるのが「情報端末」と呼ばれるコンピューター機器である。

農業の情報化を具現化したものとして営農支援システムがあり、現在数多くの企業から商用サービスが提供されている。これらいずれのサービスにおいても生産者などの契約ユーザーは情報端末を用いてデータ入力や処理、可視化、閲覧などを行う。

主にPC、スマホ、タブレットの3つ

情報端末はコンピューター機器であるが、大きく分けてPC（パーソナルコンピューター＝パソコン）、スマートフォン、タブレットコンピューターの3つに分類される。

PCはMicrosoft社WindowsやApple社MacOSなどのOS（オペレーティングシステム）を搭載したコンピューター機器であり、一般的にはキーボードを備えている。PCはさらに本体・モニター・キーボードなどが独立したデスクトップ型とそれらが一体となって可搬性に優れたラップトップ型（ノートブック型）に分類できる。ラップトップ型の発展系として表示モニターにタッチパネルを採用した上でキーボードを着脱式とし、キーボードを装着した場合はPC的に、キーボードを取り外した場合はタッチ操作によるタブレットコンピューター的に使用できる2 in 1型もある（Microsoft社Surfaceシリーズなど）。

スマートフォンは携帯電話を発展させた超小型コンピューター機器で、Apple社のiPhoneシリーズやGoogle社Android OSを採用した機器などが広く使われている。旧来の

携帯電話機器は通話機能を中心としたものであったが、スマートフォンは通話機能に加えてデータ通信機能を充実させたもので、携帯電話会社が提供する無線通信回線を通じてインターネットに接続することができる。これにより電子メールによるメッセージ送受信やWebブラウザを用いたさまざまなWebサイトへのアクセスが可能となる。また、各種アプリを追加インストールすることにより機能を拡張することができる。例えばSNS（Social Networking Service＝ソーシャル・ネットワーキング・サービス）として有名なLINEは専用アプリによりサービスが提供されている。

タブレットコンピューターはスマートフォンの画面サイズを大型化してデータ通信機能に特化したもので、通話機能は省略されている場合が多い。特にApple社のiPadシリーズが有名で、同社のiPhoneと共通のOSであるiOSが採用されている。また、Androidスマートフォンと同じOSを採用したタブレットコンピューターも市販されている。WindowsをOSとして採用したタブレットコンピューターも存在するが極めて少数派である。

可搬性、画面サイズ、操作法に違い

情報端末として使用する際、PC、スマートフォン、タブレットコンピューターの主な違いは可搬性、画面サイズ、操作方法である。可搬性と画面サイズはトレードオフ（一方を追求するともう一方を犠牲にしなければならない）の関係にあり、情報端末のサイズが小さければ可搬性が高まる一方、表示画面のサイズが小さくなることで視認性、操作性、情報量が低下する。またその逆も成り立つ。

可搬性の面で見るとスマートフォンが圧倒的に優位である。スマートフォンは携帯電話が進化したもので、非常に小型で重量も150～200g程度と軽い。そのため、農業生産者が作業着のポケットなどに収納して常に持ち歩き、栽培圃場で使用することも容易である。タブレットコンピューターの重量は製品にもよるが300～700g程度である。スマートフォンのように作業着のポケットなどに収納することは難しいが、比較的軽量小型であるため圃場への持ち運びやトラクタキャビン内への設置は可能である。PCは機器サイズが大型で重量も大きい。ラップトップ型PCは持ち運びを前提としてはいるが、それでも700g～3kg程度の重量があり、栽培圃場で作業しながら使用するのには適さない。また、デスクトップ型PCは持ち運びを想定しておらず、本体、モニター、キーボードなどが分離しており機器サイズや総重量も大きいため、圃場に持ち運ぶのは現実的ではなく、生産者の自宅や事務所などで利用することが前提になる。

画面サイズの面から見ると、当然サイズの大きい機器の方が視認性や操作性が高く、さらに一度に表示できる情報量も多いため優位である。PCの場合は、小型であるラップトップ型PCでも10～15インチの画面サイズ（画面対角の長さ）が一般的で、20インチ以上の大型モニターを外部接続することも可能である。それに対してスマートフォンやタブレットコンピューターは、表示画面サイズが小さいため視認性、操作性、情報量の面で不利である。スマートフォンの画面サイズは4～6インチ程度で、それより大型であるタブレットコンピューターでも画面サイズはおよそ8～13インチとそれほど大きくはない。

操作方法については、PC（WindowsやMacOS）では主にキーボードおよびマウスでの操作を前提としているのに対して、スマートフォンとタブレットコンピューターではタッチパネルによる操作を前提としている。このため、操作の容易さで見るとスマートフォンやタブレットコンピューターの方が

優位である。しかし大量の文字入力を行う場合、PCはキーボードを使用した高速入力が可能であるのに対し、スマートフォンやタブレットコンピューターは画面上に表示されたソフトウエアキーボード上のキーをタッチ入力することになり操作性・速度低下、誤入力などの問題が生じる。

これまで述べたように現在はPC、スマートフォン、タブレットコンピューターの3種が主に情報端末として利用されているが、スマートウオッチと呼ばれる製品も存在する（Apple社 Apple Watchなど）。スマートウオッチは、通信機能を持った腕時計型の情報端末で非常に小型である。現状は簡易的な機能にとどまっているが、今後、高機能化すれば利用が拡大する可能性が考えられる。

インターネットへの接続方法

営農支援システムなど農業向けデータサービスではインターネットを経由して情報端末からアクセスするのが一般的である。そのため、情報端末は何らかの方法でインターネットに接続する機能を有する必要がある。接続方法としては、通信会社が提供する光ファイバーなどによる有線通信サービス、携帯電話会社が提供する無線通信サービス（モバイルデータ通信）が主流である。

光ファイバーによる有線データ通信では大量のデータを高速で伝送することができるため動画データの伝送などにも有効であるが、有線接続であるので自宅や事務所など固定された場所での利用が前提となり、栽培圃場などでの利用は不可能である。

一方、携帯電話会社が提供するモバイルデータ通信サービスは無線技術を用いているため、建物内だけでなく栽培圃場など遠隔地でも利用できる。また、前述の有線データ通信は人口密度の高い地域でのみサービスが提供されており、農村部など人口密度の低い地域では利用できない場合が多い。そのため農業生産者の居住する農村部では、自宅や事務所であっても有線接続ではなく、やむなく携帯電話回線を利用した無線データ通信を利用しているケースが多く見られる。しかし、携帯電話会社の無線通信サービスも周辺に民家がないような場所では基地局を設置していない場合が多く、その場合は栽培圃場でデータ通信を行うことが不可能となる。光ファイバーによる有線データ通信と比較すると、現状の携帯電話回線によるモバイルデータ通信は通信速度が低いが、著しい勢いで技術革新が進んでおり将来的には大きな通信速度向上が見込まれる。

農業向けのソフトウエア

営農支援システムなどではサービス提供者がサーバーソフトウエアを稼働させ、サービス利用者（生産者など）は情報端末からインターネットを経由してサーバーにアクセスするのが一般的である（図）。情報端末上で利用するソフトウエアはWebアプリと専用アプリの2種類に分類できる。

Webアプリは汎用のWebブラウザ（Google Chrome、Apple Safari、Mozilla Firefoxなど）を通してサーバーソフトウエアにアクセスするものである。iOS（iPhone、iPad）、Android、Windowsなど情報端末のOSを問わず汎用Webブラウザでサービスを利用することができる。一方、専用アプリとは、そのサービス利用に特化した専用ソフトウエアを情報端末にインストールした上で使用するものである。サービス提供者は情報端末が採用しているOSごとに個別にソフトウエアを開発する必要があるが、Webアプリに比べて高い機能を実装できるのが利点である。

営農支援システムとしては各種センサー情報の収集、分析、有用情報の抽出・提供など高度な機能も考えられるが、現状の多くの農業生産者にとってもすぐに利用できる有用で基本的な機能として「栽培履歴情報の入力・

図　情報端末から農業データサービスへのアクセス

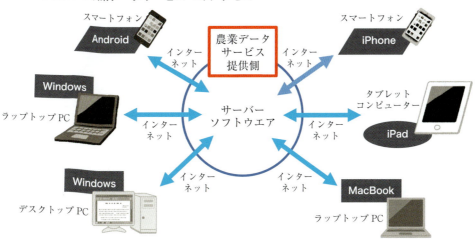

記録」がある。生産者は農産物出荷の際に農協や流通業者などに栽培履歴情報を提出する必要があり、現状、多くの生産者は手書きやExcelなど表計算ソフトで作業履歴を記録しているが、大きな負担となっている。また、GAP認証を得るためには、より詳細な書類を用意する必要があり、生産者の負担はさらに増大する。

こうした負担を軽減するため、栽培履歴記録やGAP対応データ作成に特化したソフトウエアサービスが多く登場している。また、高度な機能を含む総合的な営農支援システムサービスでも、こうした機能を含む場合が多い。このようなサービスでは情報端末上で使用するソフトウエアのユーザーインタフェースが工夫されており、農業生産者が直感的かつ効率的にデータを入力することができる。

農業機械メーカーが提供する営農支援システムでは、農業機械の管理・運用に関わる機能を有しているものも多い。また、機械盗難の予防、発見、追跡などの機能を有している場合もある。さらにGNSSによる位置情報を付加することによって機械作業が行われた場所（圃場）、時間、作業内容、農薬・肥料施用量、収穫量などを自動記録することで、その後の営農判断において有用な情報を蓄積することができる。こうしたシステムによって収集されたデータは、サービス提供者が構築したデータベースサーバーに蓄積され、情報端末からアクセスされる際に図や表、グラフなど理解しやすい形に可視化されて表示される。そのためサービスのユーザーである農業生産者は状況を的確に把握できるようになる。

Ⅰ部 入門編

収穫物センサー（収量、タンパク）

㈱トプコン 吉田 剛

収穫物センサーとは

農作物を収穫する際に使用するセンサー。一般的にその場所で作物がどれくらい取れたかという収穫量を計測するセンサーを指す。収穫量以外に穀物のタンパク含有量や水分量などを計測するセンサーも使われている。

何ができるか

- 対象圃場に投入したリソース（資材、機材、人件費など）と収量に応じた収入のバランスを見て営農判断する材料とする
- GNSSの位置情報と組み合わせた収量マップを他の情報（生育マップ、地形マップ、土質マップなど）と併せて増収／減収要因の解析を行う

IT農業システムではさまざまなデータが取り扱われているが、欧米においてはコンバインなどに取り付けられた収穫量計測センサーで取得した「収量データ」が一般化しつつある。この収量データはGNSSで取得した位置情報と組み合わせ、「収量マップ」として提供されている。

欧米の農家は、対象圃場に投入したリソース（資材、機材、人件費など）と収量に応じた収入のバランスを見て営農判断の材料にしたり、収量マップを他の情報（生育マップ、地形マップ、土質マップなど）と併せて増収、減収要因の解析を行うなどして活用している。

収量センサーの種類

収穫物の量を計測する収量センサーには幾つかの種類がある。

①重量計を使用する

脱穀された穀物などの収穫物を収納するグレインタンクに重量計（Load cell、**写真1**）を取り付け、タンク重量を直接計測する。タンク重量の増加量が収穫物の重量となる。

②衝撃センサーを使用する

グレインエレベーターからグレインタンクに収穫物を流し入れる所に衝撃センサー（**写真2**）を搭載。穀物の量によりセンサーに当たる強さが変化するので、その変化量をベースとして収量へと換算する。

③光学センサーを使用する

グレインエレベーター内部に光学センサー（**写真3**）を搭載し、エレベーターのパドル

写真1　Load cell

収穫物センサー（収量、タンパク）

写真2　衝撃センサー

写真3　光学センサー

上に乗った穀物の高さを計測し収穫量を計測する（詳細の手法については後述する）。

■**組み合わせて使われるセンサー**

収穫物の情報を取得する際に、収穫量の計測と合わせて幾つかのセンサーが組み合わせて使われる。

①GNSS

収量マップ作成のために、収量情報に位置情報を組み合わせて使用される。

②水分センサー

穀物の水分を計測する。収穫時の穀物の水分量により重量や衝撃度が変化する。この誤差を補正するために水分を計測する。

③プロテインセンサー

収穫量だけではなく、品質基準の一つである穀粒中のタンパク質を計測する。複数の波長の光を穀粒に当て、反射光もしくは透過光を受光することで穀粒のタンパク量含量を計測する。プロテインセンサーには静止式（静止している穀粒を計測）と流動式（流れている穀粒をリアルタイムに計測）があるが、収量マップ同様にプロテインマップを作成するためには流動式を活用する方が望ましい。

④ヘッダ高さセンサー

コンバインのヘッダ部分に取り付ける。収穫時にヘッダを下げると自動的に収量情報を記録し始め、収穫していない時にヘッダを上げると自動的に収穫データ記録をやめる。

収量システムの事例

本項では、光学センサーを使用した収量システムの概要と実際の取り付け例を紹介する（図1、2）。

■**システムのインストール**

コンバインには①GNSS②光学収量センサー③水分センサー④ヘッダ高さセンサー⑤収量センサー用ECU⑥ISOBUS UTターミナルが搭載される。

①GNSS

収量情報にはそれほど高い位置情報は必要ないことから、D-GNSS（Differential GNSS）を使用する場合が多い。ただし自動操舵システムと併用する場合、自動操舵システムで使用しているGNSSをそのまま活用する。また、GNSSの位置情報は自動操舵システムの作業情報（色塗り情報）と組み合わせて、自動的に刈り幅を認識し、正しい収穫量を算出するために活用される。例えば、既にある程度収穫が進んでおり、コンバインの刈り取り幅の半分だけしか収穫対象作物がない場合、収量センサーは収穫量が半分になったと誤認識してしまう。しかし、色塗り情報があれば刈り取り幅の中で未作業部分の面積が分かることから、正しい収穫量を計測することができる（図3）。

②光学収量センサー

グレインエレベーター内に光学センサーを挟み込むように設置（図4）。片方は発光、もう片方は受光のセンサーとなっており、光の透過をさえぎる時間でパドル上に乗った穀

図1 システム構成図
YieldTrakk Components

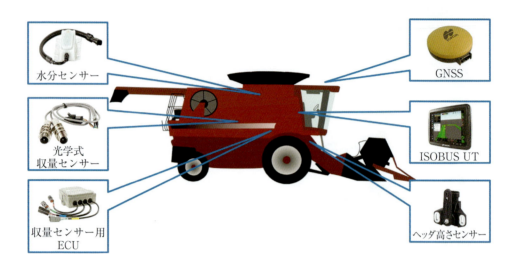

図2 光学式収量システム

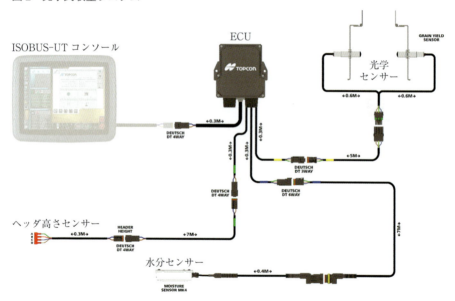

物の高さから量を計算する（**図5**）。また、傾斜地で収穫するとパドル上の穀物の傾きが誤差になることから、ECUに搭載された傾斜計のデータも考慮し補正を行う（**図6**）。
③水分センサー
　水分センサーは常に穀物の流れている所に設置される。通常はクリーングレインエレベーターの底部に取り付けられることが多い（**写真4**）。
④ヘッダ高さセンサー
　収穫機のヘッダ部分に取り付けられる。コンバインのサイズおよび収穫物に応じた刈り高さにより、センサーの感知位置を調整する（**写真5**）。

収穫物センサー（収量、タンパク）

図3　自動刈り幅検出機能

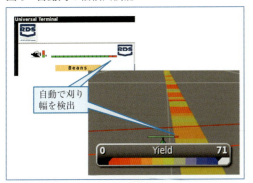

図4　光学収量センサー

図5　計測イメージ

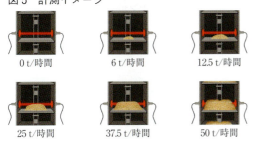

図6　傾斜した土地での計測イメージ

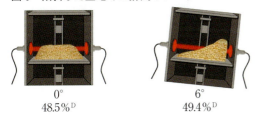

⑤収量センサー用ECU（Electronic Control Unit)

　全てのセンサー類の情報を収集し収量マップを作成する収量システムの心臓部（**写真**

写真4　水分センサー取り付け例

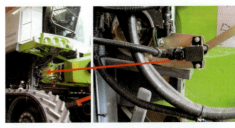

写真5　ヘッダ高さセンサー取り付け例

写真6　収量センサー用ECU

6）。傾斜センサーを内蔵しており、傾斜地でのデータ補正を行う。本ECUはISOBUS-UTに準拠したインターフェースを持っていることから、ISOBUS-UTコンソールに操作画面を表示し運用することができる。

■システムの運用

　収量システムをインストールした後、車両の大きさ、刈り幅など必要とされる情報をシステムに入力する。その後、計測開始ボタンを押し、収穫のためヘッダを下げると収量の計測が開始される。収量、水分はリアルタイ

写真7 収量マップ表示例

図7 遅延表示の例

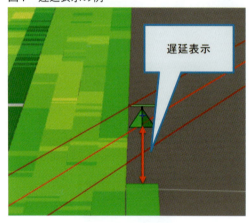

図8 pdfでの出力例

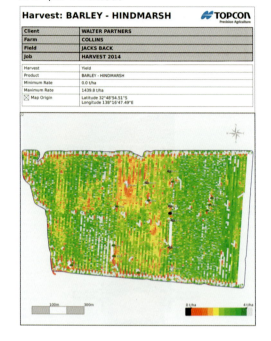

図9 ISOXMLで出力されたデータをパソコンのソフトで処理した例

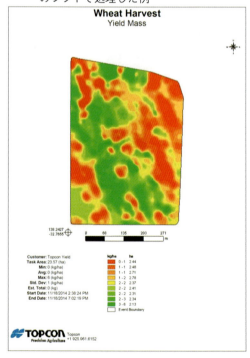

ムに計測され、コンソール上にマップデータとして表示される（**写真7**）。収穫した穀粒が脱穀されタンクに入るまでには時間がかかるので、収量システムはその遅延を考慮し、実際に刈った場所での収量をマッピングする（**図7**）。

■データの出力

　記録された収量マップはUSBメモリを経由してpdfもしくはISOXML形式のデータとして出力される。欧米ではISOXML形式データをFMIS（Farm Management Information System）という農業用データ管理システムで読み込み、他の情報（生育マップ、地形マップ、土質マップなど）と併せて増収、減収要因の解析を行っている（**図8、9**）。

収穫物センサー（収量、タンパク）

図10　システム構成図

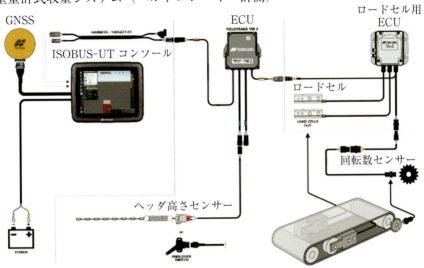

今回紹介した後付けタイプの穀物向け収量システムは、コンバインのモデルごとに細かく調整すれば2〜3％の精度で収量を計測できる。

また、同様の技術を使用し、馬鈴しょやてん菜などの収穫で使用する収穫機での運用も始まっている。これはベルトコンベヤーにロードセルを付けることで収穫量を計測し、収穫マップを作成するものである（図10）。

既に日本の農業機械メーカーから収量システムを搭載したコンバインも発売されており、全ての農作業の結果を表す重要な指針である収量データは、今後日本においても活用が拡大すると考えられる。

I部 入門編

生育センサー（窒素ストレス）

㈱トプコン　熊谷　薫

生育センサー（窒素ストレス）とは

農業界では、近年さまざまな農業用センサーが開発されている。その中でも、作物の生育度合いを計測する生育センサーは、作物の葉に当てた光の反射量から窒素量を計測するセンサーである。また、センサーと可変散布システムを併用することで、リアルタイムに計測しながら最適な肥料散布が行えるだけでなく、記録データを翌年以降の営農計画へ反映することが可能となる。

何ができるか

- 作物中の窒素量を基に生育度を測定できる
- 生育センサーと可変散布システムを併用することにより、リアルタイムに計測しながら、最適な肥料散布が行える
- 生育データ、肥料散布記録データは、翌年以降の営農計画へ反映することが可能である

農業界では生産性を向上させるIT農業システムの需要が増大している。一般的に農業では経験と勘が重要な判断基準とされるケースが多いが、近年さまざまな農業用センサーが開発され、そのセンサーの値を基に農作業を行うケースが増えている。本稿では作物の生育度合いを計測する生育センサーについて紹介する。

生育センサーの種類

■接触式センサー

作物の葉をセンサーで挟み、光を透過させて作物の生育状態を計測するセンサー。日本では水稲や小麦の生育度を計測するツールとして、葉色板と共に研究者の間では一般的に使用されている。計測する場所がピンポイントであることから、サンプリングを多く行い、データを平均化させる必要がある。

■太陽光を活用するセンサー（パッシブタイプ）

太陽からの反射光を使用することから、太陽光下にある作物と雲や木の陰にある作物では、同じ生育度であってもセンサー値が異なる。計測時は日射変動に注意が必要となる。

■衛星画像

広範囲の作物の生育度を計測する手法としては、人工衛星の画像を使用して解析されたNDVI（Normalized Difference Vegetation Index：正規化植生指数）という値が古くから用いられている。しかし、撮影をリクエストした場所に雲があると撮影できない、衛星画像の単価が高い、撮影から画像を入手するまでの時間が必要（リアルタイム性が低い）という特性から、実際の農業現場ではあまり活用が進んでいない。近年では100機近い小型の人工衛星を打ち上げ、高頻度で撮影したデータを配信するサービスが登場しており、

生育センサー（窒素ストレス）

図1 スペクトラルカメラによるNDVI
「生育センサー（窒素ストレス）」

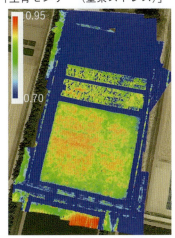

図2 CropSpec

図3 フットプリント

衛星画像の活用にも期待が高まっている。

■マルチスペクトラルカメラ

　複数の異なる波長の光を受光するマルチスペクトラルカメラは農業の場でも活用されている。RGBおよび近赤外のフィルターを通した光を受光するセンサーであり、最近は小型のものがUAV（ドローン）に搭載され運用されているケースが多い。UAVのGNSSを利用し、NDVI（植生指数）画像（図1）だけでなく、RGB画像データがリアルタイムに得られる特徴がある。

■自発光センサー（アクティブタイプ）

　センサー自身で発光した光を作物に照射し、その反射光から作物の生育度を計測するセンサー。自身の光を使用するので、木陰などの影響は受けず、朝から夜まで安定した値を計測することができる。またセンサーのリアルタイム性が高いので、可変施肥機と組み合わせ使用されることが多い。

　市販されているタイプは、ハロゲンなどの広帯域の光を照射し、受光側に必要な帯域のフィルターを配置して受光する方式、または必要な帯域の波長を持つレーザーあるいはLEDを照射し、反射光を受光する方式がある。広帯域の光を持つタイプはサイズが大きくなり、また消費電力も大きくなるが、任意の帯域を選択できるメリットがある。レーザー、LED方式は小型、軽量、低消費電力であるが、必要な帯域の光源の入手が困難である。またLEDは、測定距離が短いというデメリットがある。

リアルタイム育成センサー

　本稿では、例としてトプコンのアクティブレーザータイプの生育センサーCropSpecの概要を紹介する。

■CropSpecセンサーとシステムの概要

　CropSpecは、アクティブタイプのリアルタイム育成センサーである。red-edge付近およびNIR（Near InfraRed）付近の2つの波長、あるいはそれ以上の波長のレーザーを照射し、それぞれの反射光量の比率から生育度（S1）を測定する（図2）。図3は車両の屋根に取り付けられるタイプであり、数mの幅を持ったフットプリントを持ち、車両の移動に伴い、広範囲かつリアルタイムに植生指標の計測を行える。この値に応じて、肥料の散布機のバルブをコントロールすることに

図4 処方箋の画面

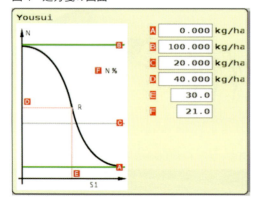

図5 S1マップの変化（小麦）

写真1 UAV搭載タイプ

写真2 UAV測定

より、最適な肥料の量に調整するリアルタイム可変施肥が可能となる。

またアクティブセンサーはパッシブタイプ、スペクトロメーターと違い、昼夜を問わず使用が可能。オートステアリングと組み合わせることにより、夜間も作業ができる。

波長と生育度との関連は、対象となる作物（小麦、米、スイートコーン、馬鈴しょ、てん菜など）、地域によって異なる。つまりそれぞれの場所、作物に合わせた処方箋が必要と考えられている。**図4**は処方箋の一例であるが、地域、年数を経て得られた多くのデータを基に作成されており、ユーザーへの指針として使用される。

■CropSpec フィールド評価

図5に、ある地域の測定結果を示す。作物は小麦である。トラクタはGNSSにより位置情報が得られており、位置情報に応じた生育度が示されている。この生育度のマップによりどのエリアの生育が低いか、高いかが一目瞭然である。これに合わせて肥料の散布量をコントロールするわけであるが、可変施肥の結果により植生指数が均一になっていく様子が見られる。つまり圃場の生育が均一化され、高い品質での、生産性を上げることができるシステムである。さらに肥料の過剰を防ぐため、環境にも優しい。

モニタリング計測や基肥設計に活用

■UAVでのセンシング

CropSpecのようなアクティブセンサーは従来、トラクタに搭載しリアルタイム可変施肥を行うことに利用されているが、小型、軽量の特徴を生かし、UAVに搭載することにより定期的な圃場計測にも利用されている。いわゆるモニタリング計測である（**写真1、2**）。モニタリングすることで生育度を常に把握でき、小麦の場合は最適な追肥タイミング、収穫タイミングを見極めることが可能となる。

図6　可変施肥設計ソフトウェア　nRate-Map Web

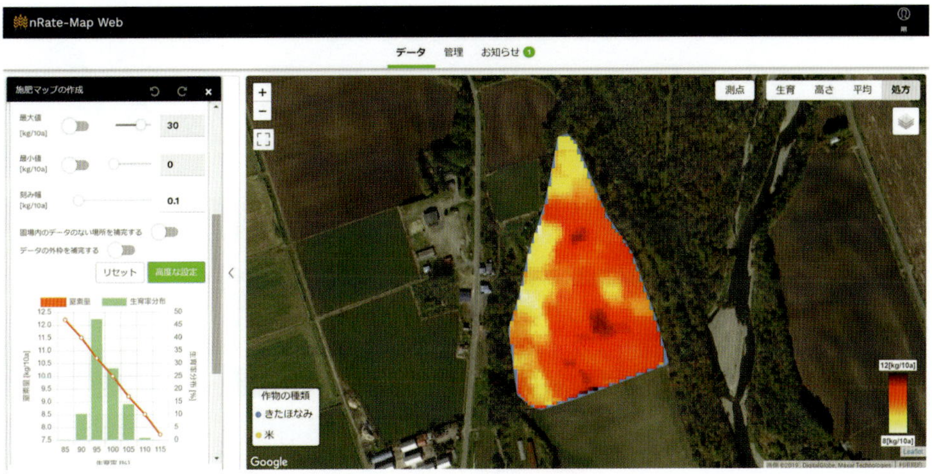

■生育データを基肥設計で活用

　生育センサーで計測した育成マップは、土壌の肥沃度との相関性が高いことが知られている。この育成マップを基に、翌年度の基肥散布用の施肥設計が可能となる。ソフトで設計された施肥マップデータは標準フォーマットであるISOXML形式で出力される。このデータを自動操舵システムや可変施肥システムに読み込ませることで、マップをベースとした基肥の可変施肥を行うことができる（図6）。CropSpecのデータを基に当ソフトを使用し基肥散布を行った結果、てん菜で平均5.9％増収、でん粉原料用馬鈴しょ「コナフブキ」では過剰な施肥の抑制とともに平均3.2％の増収効果が見られた（北海道総合研究機構の調べ）。

育成マップの活用に注目

　生育センサーは主に最適な追肥量を決定することを目的として、リアルタイム可変施肥システムと共に農業の現場で活用されてきた。この技術は可変施肥に対応した施肥機の普及とともに、北海道を中心に活用が広がっている。

　一方でリアルタイム可変施肥を行った際に生成される育成マップ自体の活用にも注目が集まっている。今まで感覚的にしか把握できなかった圃場の状況がマップという形で可視化されることで、熟練者と非熟練者の情報共有がスムーズになる。数値化されることで作業指示が明確になるなどのメリットが出ている。また、前年のデータを参考に減肥にチャレンジするなどの活動も始まっている。

　生育センサーに限らずさまざまな農業用センサーの数値を活用する場面が増加すると思われる。その「データ」を整理し農業で活用できる「情報」に変換し、ユーザーへ提供するニーズが今後拡大すると考えられる。

Welcome to MaY MARCHE
マーカス・ボスの北海道野菜
著者　Markus Bos

マーカス・ボス氏は、欧州各地のレストランで修業を重ね来日、人気の野菜マーケット「メイマルシェ」を主宰する傍ら、北海道を拠点に料理教室やメディアを通じ北海道のおいしい素材へのこだわりと、持ち味を引き出す料理の楽しさを、独自のスタイルで伝えています。本書は、加熱調理用トマトやフェンネルなど、洋野菜のレシピ37点を紹介。マルシェに並ぶ野菜の写真も美しく、ページをめくり、眺めるだけでも癒される「野菜の力」を感じる1冊です。

```
A4変型判　92頁　オールカラー
定価　本体価格1,600円＋税
　　　　　　　　　送料300円
```

からだにいい新顔野菜の料理
北海道の野菜ソムリエたちが提案
監修　安達英人・東海林明子

新顔野菜の伝道師・安達英人さんが、21種類の新顔野菜をわかりやすく解説。その特徴を存分に生かした食べ方を北海道の野菜ソムリエ14人が提案、選りすぐりの84品を、料理研究家・東海林明子さんが料理する。
　料理することが楽しくなるヒントやアドバイスがいっぱい。今、全国でも注目の新顔野菜の魅力が満載です。

```
235mm×185mm　128頁
オールカラー
定価　本体価格1,300円＋税
　　　　　　　　　送料300円
```

──レシピ提案ソムリエ──
伊東木実さん、大澄かほるさん、大宮あゆみさん、小川由美さん、吉川雅子さん、佐藤麻美さん、辻綾子さん、土上明子さん、長谷部直美さん、萬谷利久子さん、松本千里さん、萬年暁子さん、室田智美さん、若林富士女さん

株式会社　北海道協同組合通信社
デーリィマン社　　管理部

☎ 011(209)1003
FAX 011(271)5515
e-mail　kanri @ dairyman.co.jp

※ホームページからも雑誌・書籍の注文が可能です。http://dairyman.aispr.jp/

Ⅱ部　事例編

【基盤技術】
　自動操舵システム……64
　ロボットトラクタ……70
　自律多機能型農業ロボット……75
　農作業アシストスーツ……81
　衛星リモートセンシング……87
　ドローンリモートセンシング……92

【営農支援システム】
　食・農クラウド　Akisai……97
　営農・サービス支援システム「KSAS」……102
　気象予測データを活用した農業情報システム……109
　米生産農業法人向け農業IT管理ツール「豊作計画」……114
　農協向け農業IT管理ツール「GeoMation 農業支援アプリケーション」……119

【稲作】
　圃場整地均平作業機（レーザーレベラー・GPSレベラー）……124
　直進キープ機能付き田植機……131
　自動運転田植え機……137
　スマート田植機……142
　スマート追肥システム……147
　食味・収量メッシュマップ機能付きコンバイン……150
　水田の自動給排水装置……155
　地下水位制御システム……160
　収穫適期マップ……165

【畑作】
　環境情報センシング・モニタリング……169
　マップベース可変施肥……173
　センサーベース可変施肥……177
　収量予測システム……181

Ⅱ部 事例編

自動操舵（そうだ）システム

㈱トプコン　吉田　剛

自動操舵システムとは
高精度GNSSを搭載して、その位置情報を基に車両のハンドルを自動制御するシステム。

何ができるか
- 掛け合わせの幅が最小化できるので圃場を有効活用できる。農薬や肥料などの資材費も最小化できる
- 非熟練者であっても熟練者に近い作業が行える
- ハンドルの操作に集中しなくて済むので、疲労が低減する

　農業機械に高精度GNSSを搭載し、その位置情報を基に車両のハンドルを自動制御する「自動操舵」の技術が国内外において急速に普及しつつある。この技術の導入により、圃場に目印を立てることなく正確な走行が行えることから、生産性の向上に寄与するだけでなく、掛け合わせの幅の最小化により農薬や肥料、燃料などのコスト削減にも有効である。このため欧米を中心に積極的に投資が進んでいる。

　一方、1戸当たりの耕作面積が比較的小さい日本においても、近年この技術の普及が急速に拡大している。日本の場合、農業従事者の極端な高齢化を背景に地域の担い手に農地が集積し、作業効率の向上や不慣れな作業者であっても質の高い作業をする必要性から同システムの導入が進んでいる。

既設型と後付け型の主に2タイプ

　自動操舵システムは、高精度GNSSの情報を基に設定したラインからの離れ量を計算し、その差分を戻すようにハンドルを自動制御させるシステムである。オペレーターはハンドル操作に集中する必要がなく、けん引している作業機械のコントロールに集中することができる。

　国内で販売されている自動操舵システムは大きく二つに分類される。

　一つは農業機械に最初から取り付けられているシステム、もう一つはGNSS受信機とコンソールそして電子ハンドルの3つの機器で構成されるシステムをユーザーが現在使用している車両に装着する後付け型のシステムである。本項では後付け型のGNSS自動操舵システムの例を紹介する

■高精度GNSS受信機

　GNSS受信機（**写真1**）には電子コンパスとIMU（Inertial Measurement Unit：慣性計測装置）が内蔵されており、一つのユニット内で位置と姿勢の計測を行うことで、精度の良い測位性能を実現している。また他の農機へ付け替えを行う際にもアンテナ部を移動させるだけでよいので、移設作業も簡単にできる。電子コンパスを使用することで枕地で

写真1　GNSS受信「AGI-4」

写真3　電子ハンドル「AES-35」

の車両旋回時などの低速域でも車両の方向を正確に示すことが可能である。

　畝立てや播種などの高い精度が求められる作業の場合は、RTK（Real time kinematic）という測位方式を用い、位置補正情報と組み合わせることで2～3cmほどの測位精度を実現する。また測位には、アメリカのGPSとロシアのGlonassの両方の測位衛星を使用するハイブリッド方式が多く採用されている。

■コンソール

　GNSS受信機からの測位、姿勢情報を処理するとともに表示や設定を行う部分がコンソール（**写真2**）である。農業用のコンソールは屋外での使用が前提であることから、視認性が良く耐環境性の高い物が用いられる。また、使用環境に応じて幾つかの画面サイズが用意されている。

　単にハンドルを制御するだけではなく、自動操舵システムの位置情報を用い、作業機を制御するセクションコントロール（散布幅を調節）、レートコントロール（散布量を調節）の機能も有している。ISOBUSに対応した作業機を接続することにより、コンソールから直接作業機を制御することもできる。

■電子ハンドル

　高トルクの電子モーターを内蔵した電子ハンドル（**写真3**）は、ステアリング軸を直接制御することで、油圧制御のような高精度な車両制御を実現している。

　また、耐水性があるので、田植え機や管理用作業機などキャビンのない農業用機械でも安心して使用できる。

使用によるメリット

■作業の無理・無駄・むら省き効率向上

・設定した作業機のかぶせ幅に合わせて本機を自動誘導するので、熟練オペレーターと同様の作業が行える
・表示器での作業跡確認や自動位置合わせにより、作業跡が分かりづらい代かきや防除作業でも重複作業を防止できる（**図1**）
・植え付けと管理作業、収穫作業を同じラインを使って作業できる

■オペレーターの疲労を大幅軽減

・自動旋回機能を使用すれば自動的に作業位置合わせをするので、ハンドル操作への集中を大幅に軽減でき、疲労も大幅軽減できる（**図2**）
・時速0.1kmからの超低速作業に対応。あ

写真2　コンソール。左から「X35（12.1インチ）」「X14（4.3インチ）」「X25（8.4インチ）」

図1　重複作業の防止で無駄がない

図2　オペレーターの疲労を大幅軽減

図3　不慣れなオペレーターでも熟練者と同じ精度で作業できる

図4　目印を立てる作業がなくなる

ぜ塗り、トレンチング作業、ながいもの収穫、暗きょ敷設など神経を集中しないといけない作業でも使用できる

■不慣れな人も高精度作業、目印も不要に
・経験が浅いオペレーターでも、熟練者と同じ精度で作業できる（図3）
・畝立てや全面マルチ張りなど難しい作業も非熟練者とシェアできるので、経営規模の拡大にチャレンジすることができる
・作業幅をあらかじめ入力設定するだけで、決められた間隔に自動的に誘導。目印を立てる作業がなくなる（図4）

■1台あれば、複数農機で使い回し可能
・それぞれの機械にハーネス（接続ケーブル）、GNSS受信機の取り付け台座を常設しておけばワンタッチで換装できる
・北海道以外の地域では使い回しでの運用が増加。例えば水田作の場合、あぜ塗り、耕運・代かき、田植え、収穫後の溝切りや暗きょ敷設作業において1台の自動操舵システムが使い回しされている（図5）

■作業日報管理や可変施肥など拡張性も
・ISOBUS対応の作業機をモニターでコント

図5　1台あれば複数作業機で使い回し可能

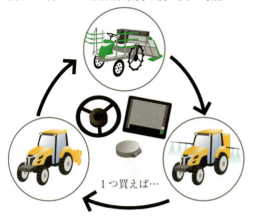

図6　USBで作業履歴を抽出しパソコンで日報管理できる

図7　あぜ塗り作業
- 圃場の形状に沿ってあぜ塗り作業ができる
- 誰でも熟練者並みの作業が可能

図8　田植え作業
- 不慣れなオペレーターでも高精度な作業が行える
- 誰でも真っすぐな植え付けができる

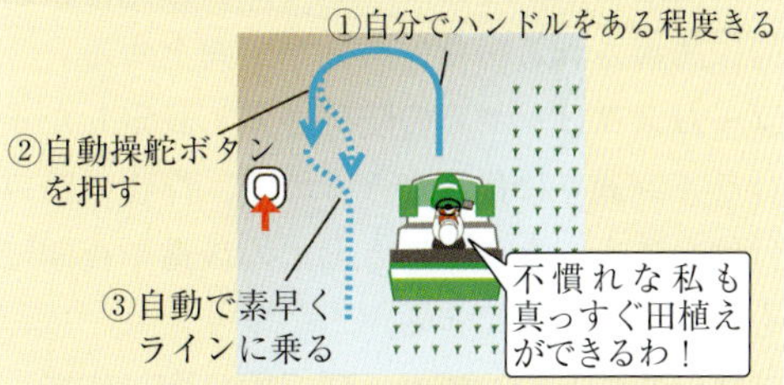

ロールでき、最新の作業機の制御が行える
・USB一つで作業履歴情報を簡単抽出。パソコンなどで作業日報の管理が可能（**図6**）
・最新の精密農業機能が使用可能。位置情報やマップ機能を用いた可変散布、セクションコントロールの制御が本システムにより実施できる。生育センサーとの組み合わせにより作物の生育量に合わせた可変施肥を行うことができる

活用事例

■水田作

あぜ塗り作業：直線ラインだけでなく、元あぜに沿って走行ラインが設定できる（**図7**）。設定ラインは記録されているので、次年度も活用することができる。

代かき作業：設定したかぶせ幅に合わせて自動誘導。作業軌跡が表示されるので、重複作業を防止できる。

田植え作業：不慣れなオペレーターでも真っすぐに田植えができる（**図8**）。オペレーターが運転に集中する必要がなくなり、苗補給の補助ができる。マーカー不要で作業ができるので、落水・入水の手間が省けるだけでなく、入水時に肥料や農薬が流れるリスクが減少。代かき後の濁った水の排出を抑止する、落水時の雑草の発生リスクを抑える、水温コントロールが容易になるなどさまざまなメリットがある。

■畑作・露地野菜（葉物野菜・根菜）

プラウ耕：車両が傾いた状態でも直進作業ができる。

写真4　全面マルチ作業も効率向上

図9　ながいもの掘り取り作業
- 作業機のコントロールに集中でき、疲労も低減
- 必要時に補助者をサポートできる

掘り取りの様子を見ながら作業ができる！

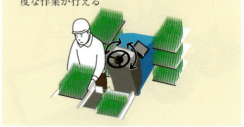

図10　たまねぎ移植作業
- 安心して苗つぎに集中できる
- 後工程の管理・収穫作業の効率が上がる
- 不慣れなオペレーターでも熟練者と同等の高精度な作業が行える

全面マルチ（レタス、はくさい）：傾斜地でも熟練者と同等の精度でマルチ展張作業が可能（**写真4**）。一方向（片引き）作業の場合、後進しながら次の畝立て開始位置に自動的に誘導されるので作業効率が向上する。

ブームスプレーヤでの防除作業：設定した走行ライン通りに作業できるので、作物の踏み付けを防止できる。片さおでの後進や夜間でも安心して作業できる。

ながいものトレンチャー耕・掘り取り作業：移植床づくりのためのトレンチャー耕と掘り取り作業において同じ走行ラインを使用することで、蛇行してながいもを傷付けるリスクが減り、歩留まり（生産性）が向上し、収量もアップ（**図9**）。不慣れなオペレーターでも熟練者と同等の精度の高い超低速直線走行が行える。

■大規模畑作・露地野菜（主に北海道地域）

畝立て・播種・移植（トラクタ作業）：傾斜の大きい圃場でも真っすぐな播種、植え付け、畝立て作業が可能。その後の工程の除草、防除、収穫作業の効率も向上する。走行ラインを飛ばした作業も、自動操舵システムが自動的に走行ラインを選定し行える。

移植機によるたまねぎ移植作業：センターマーカーなしで安定した走行・植え付けが可能。運転に集中する必要がないので安心して苗つぎ作業ができ、その後の管理・収穫作業の効率も向上する（**図10**）。

■麦用コンバイン（海外製）での収穫作業

自動操舵による直進作業で、刈り残しを減らすだけではなく、夜間でも正確に作業できる。ラインを飛ばしても一定間隔で正確な旋回作業が可能。さらにラインを飛ばした収穫作業で、麦の乾燥度が上がる効果もある。

■排水対策

溝掘り機による溝掘り作業：作業間隔を決めるためのマーカー立て作業が不要。次年度以降も同様のラインで作業できるようになる（**図11**）。

暗きょづくり：作業幅や作業間隔が設定できるのでマーカー立て作業が不要。コンソール画面上にフラグポイント（目印）を付けて、何を埋設しているのか、または危険箇所を記録することができる。

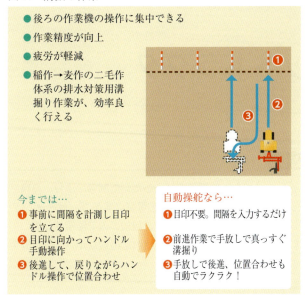

図11 溝掘り作業

作業データ収集する中核機器へ

　自動操舵システムは文字通りハンドル操作を自動化することでさまざまなメリットを生み出せる。

　一方で、欧米ではハンドルの制御だけではなく、その位置情報を活用し作業機械の自動制御を行う技術も一般化しつつある。

　精密農業の普及に伴いさまざまな農業情報が電子化され、今や農業機械は情報機器となりつつある。今後は温度や湿度、日射などのセンサー情報の収集と合わせて、トラクタの稼働情報（稼働時間、アイドリング時間、メンテナンス情報など）、日々の作業履歴情報などをクラウド上で管理し、営農判断を行う仕組みを提供するビジネスが拡大することが予想される。

　自動操舵システムはそのデータを作業現場で収集し、活用するための中核機器になり得る可能性を秘めている。

Ⅱ部　事例編

ロボットトラクタ

ヤンマーアグリ㈱　横山 和寿

ロボットトラクタとは

　現在位置を検出する測位技術と測位誤差を補正した測位制御により、高精度な自動走行が可能なトラクタである。ヤンマーでは、直感的な操作を可能にするユーザーインターフェース（画面表示）を導入したタブレット端末を開発したことで、目視のみで監視する際に生じる死角をカバー。この安全性確保技術により、圃場内に自動で作成された最適な走行経路を安全に自動的に走行することができる。

何ができるか

- ロボットトラクタと有人トラクタの2台をオペレーター1人で操作し、同じ作業を同時に行うと倍幅の作業が可能になり作業時間の短縮となる
- 2つの異なる作業を1人で同時に行う複合作業が可能となり、作業効率が向上する。同時に異なる作業を行うことで天候の影響に左右されにくく、より計画的に作業が行える
- ロボットトラクタに乗車せず安全監視を行うことで、タブレット端末を利用してロボットトラクタの操作が可能である

　農業を取り巻く環境は厳しく、農業人口の減少と高齢化も今後さらに加速していく。このような背景から、わが国の農機メーカー各社は世界に先立ちロボットトラクタを商品化した。本稿では、ヤンマーアグリ㈱が高精度自動走行技術、直感的な操作性、安全性確保技術の研究開発を進め2018年秋に商品化した「ロボットトラクタ（以下「ロボトラ」）」について解説する。

ロボトラの概要

　ヤンマーのロボトラ（**写真1**）は、GNSSユニットを搭載し、タブレット端末を用いて圃場内の決められた経路を自動的に走行するトラクタである。ロボトラとオペレーターが運転するトラクタ（以下「有人トラクタ」）

写真1　ロボットトラクタ

写真2　ロボトラと有人トラクタの2台による協調運転作業例

写真3　GNSS ユニット（移動局）

写真4　基地局ユニット

の2台を1人のオペレーターが協調運転して農作業を行うことが可能である（**写真2**）。また、農林水産省が制定した「農業機械の自動走行に関する安全性確保ガイドライン」に沿う安全装置を装備することで、使用者監視下において、ロボトラ単独による農作業を行うシステムにも対応している。さらにロボトラ機能だけでなく、オートトラクタ機能（オペレーターが搭乗した状態での自動運転機能）と自動操舵機能を装備し、農業者のニーズに合わせた作業が可能である。

　ロボトラで作業した時の作業履歴はICTを活用したヤンマーのスマートアシスト（機械の情報などをヤンマーのデータサーバーに蓄積し農業経営の改善に役立つ情報を管理、分析できるシステム）で統合管理することが可能である。

主な特長

■高精度な自動走行制御技術

① RTK-GNSS 一体型ユニットの開発

　GNSSユニット（**写真3**）はロボトラの現在位置を検出するとともに、ロボトラに搭載したIMU（Inertial Measurement Unit：慣性計測装置）で測位誤差を補正することで高精度な測位制御を行い、精密な農作業を可能とする。また、基地局ユニット（**写真4**）は持ち運びが可能な移動式小型基地局として独自開発することで、JAや自治体設置の基地局が設置されていない地域でもロボトラを利用できるようにした。

②自動走行制御

　RTK-GNSSユニットや各種設定条件、センサー類から得られる情報を基にトラクタの自動走行制御システムと統合制御するアルゴリズム（計算手順）の開発を行った。また、各種圃場条件での凹凸やトラクタの作業中の状態による位置ずれを防止し、蛇行のない高精度な直進走行性能を実現している。

　旋回制御については、直進制御領域とは別に旋回制御領域を設定し、トラクタの車速やエンジン回転を直進部分と旋回部分で区別することが可能である。旋回領域であらかじめ設定されたトラクタの旋回半径や旋回条件を基に旋回制御のアルゴリズムを開発し、直進部分から旋回部分にスムーズに制御移行することで次の直進部分の走行経路にふらつきな

く正確に走行経路に入ることが可能である。

■**直感的に分かりやすい操作性の実現**

　ロボトラのコントロールは、直感的な操作を可能にするユーザーインターフェースを導入したタブレット端末を用いることで容易な操作が可能である。また、タブレット端末の地図情報から、ロボトラの自車位置や管理している圃場の位置を視覚的に確認できるとともに、タブレット端末を用いて圃場登録（**写真5**）、作業機設定（**写真6**）、圃場作業領域設定（**写真7**）、作業経路設定（**写真8**）などの各種設定を行うことで、圃場形状に応じた最適な作業経路を自動で作成し自動運転をスタートすることができる（**写真9**）。農業者自身が煩わしい走行経路などを設定する必要がなく、容易にロボトラを使用することが可能となる。さらに、登録した圃場データなどは位置情報と共にスマートアシストで統合管理され、作業履歴として閲覧することができる。

■**安全性確保技術の開発**

　農林水産省が2017年3月31日に策定した

写真5　タブレット端末を用いて外周走行で圃場登録（2回目以降は登録不要）

写真6　作業機設定

写真7　作業領域設定

写真8　作業経路設定

写真9　運転スタート

「農業機械の自動走行に関する安全性確保ガイドライン」（詳細は農林水産省のHP参照）に準拠したシステムを構築して安全性確保を行っている。

①安全性確保の機能

タブレット端末によるロボトラのスタート・ストップの操作が可能である（**写真10**）。作業中においてもあらかじめ設定したロボトラの作業速度・エンジン回転数などを圃場条件に応じて、その場で最適な設定に変更できる。ロボトラに無段変速トランスミッション（I-HMT）を搭載しているため、スムーズな動作で安全かつ効率的に作業を行うことが可能である。

タブレット端末以外に緊急停止リモコンも装備しており、タブレット端末とは別系統でロボトラを停止可能なシステムを構築して2系統で安全性を確保している。

また、設定した圃場領域からロボトラがはみ出す前、または直進部分と旋回部分の両方の領域においてロボトラが目標経路からある一定以上の距離を逸脱した場合や各種通信関係の通信が途絶えた場合には、全ての機能を安全に停止する制御アルゴリズムを導入している。

②安全装置

ロボトラにはコックピットカメラを搭載し、タブレット端末に表示されたロボトラの前後の映像を確認できる（**写真10**）ため、監視下において目視のみで監視する際に生じる死角をカバーすることができる。また、ロボトラの周囲の障害物を検知するために、レーザーセンサーと超音波センサーを搭載することで、より安全性を確保したシステムを装備している（**写真11**）。トラクタの作業環境では極力作業を停止させず安全に作業を継続させるために、市販のレーザーセンサーに農業機械独自のアルゴリズムを追加した制御を織り込んだ。障害物を検知したらすぐ停止するのではなく、一定条件においてTTC（Time To Collision：衝突余裕時間）による車速制御を用いて衝突予測時間に応じた減速制御アルゴリズムを実現した。

■既販機にもオプション対応

ヤンマーのロボトラは、トラクタ本機の仕様設定以外に既販機へのオプション対応を可能にしている。ロボトラの導入を容易にする

写真10　タブレット端末によるロボトラのスタート・ストップ操作と緊急停止リモコン。タブレット端末にはコックピットカメラ画像を表示

写真11　人や障害物を検知する安全センサー

図　協調運転作業のメリット

Case 1
耕運ダブル幅（複数台の協調作業）

作業者1人で、倍幅の作業が可能に

Case 2
砕土＋施肥・播種（複数の作業を同時に）

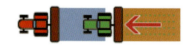

2つの工程を1人作業で一度に実施

ことで自動運転を少しでも身近に使用していただくために、自動運転に必要な機材のユニット化・モジュール化（部品の標準化）を実現した。

この実現によりオートトラクタ、ロボットトラクタの搭載、またオートトラクタからロボットトラクタへのアップデートと共に、既販機へオプション対応が可能であり、既存のトラクタを活用することが可能である。以上によりLCV（Life Cycle Value：個々の農業機械がその生涯にわたってどれだけ価値を高めるかの指標）を高めて、農業者の皆さんにロボトラを導入しやすい環境づくりを整えた。

■ 有人トラクタとの協調作業によるメリット

農業人口の減少や高齢化など、農業の抱える課題に対応し、超省力や大規模生産、また誰もが取り組みやすい農業を可能にするため、農作業を「誰でも」「正確に」「効率良く」行える、ロボットと人による協調作業の実現を目指している。

ロボトラと有人トラクタでの協調作業のメリットとして、作業効率が大幅にアップすることが挙げられる（図）。

ケースの1つ目が、ロボトラと有人トラクタ2台で同じ作業を同時作業することで、オペレーター1人で倍幅の作業が可能になること。また経験の少ないオペレーターであっても、ロボトラの跡を追い、作業していない領域だけ作業を行うことで、正確に直進して作業することが可能になる（図、左Case 1）。

2つ目が、2つの異なる作業を1人で同時に行う複合作業が可能となること。例えば、前方のロボトラで耕す作業を行い、随伴しながら後方の有人トラクタは種をまく作業など、複合作業が同時に行うことで作業効率が向上する（図、右Case 2）。また、同時に2つの作業を完了することで作業時間を大幅に短縮することができ、天候の影響に左右されにくく、より計画的に作業が行える。

農業者の要望を基にさらなる進化へ

農業現場の課題や農業者の皆さんの課題を解決するためロボトラの開発に着手した。開発コンセプトである、①高精度自動走行制御技術の実現②直感的な操作性の実現③安全性確保技術の実現をし、さらにトラクタ本機の一仕様の設定販売にとどまらず、市場にある既販機への後付け搭載を可能にした。

これからロボトラが本格的に普及していく中で、農業者の皆さんからの評価や要望を基により有効的なシステムへと進化し、自動運転農機を使用することが当たり前で、誰もが容易に利活用できる農業現場になるであろう。

Ⅱ部 事例編

自律多機能型農業ロボット

㈱日本総合研究所　各務 友規

自律多機能型農業ロボットとは

　自律多機能型農業ロボットとは「自律」で動作し、作業アタッチメントを換装することで、播種・除草・防除・収穫などのさまざまな農作業に活用できる「多機能」型の農業ロボットのことを指す。1台で複数の用途に利用でき、低コストと高い汎用性を両立する。

何ができるか

- 画像センサーなどで周囲の環境情報を認識し、圃場内を自動で移動したり、農業者を認識して後方を追従移動できる
- 上記の移動機能をベースに、特定の作業に適したアタッチメントの換装が可能で、1台で複数の用途に利用可能
- 農作業の支援・実行とともに、作物の生育状況や栽培環境、作業履歴などのデータを自動で取得・蓄積する
- 取得したデータの分析を行い、種々のサービスを提供できる（例：スマートフォンの圃場マップ上に取得したデータを可視化し、作業内容や生育具合のばらつきを表示）

少ない農業者で高付加価値農業を

　日本の農業は、大きな転換点に直面している。足元の課題に目を向ければ、農業就業人口の減少、耕作放棄地の増加、農業産出額の低下が挙げられる。高齢者を中心とした離農者の増加により、販売農家数は1990年の半数程度まで減少した。また、農業者の平均年齢は67歳に達していることから、今後もこの傾向は継続する。これに加えて、離農者の増加は耕作放棄地の増加を引き起こす。2015年時点の耕作放棄地の面積は42万3,000 haにも及び、日本全体の農地面積449万6,000 haの9.4％を占める。さらに、農業産出額は10兆円を割り込み、一時は8兆円台まで低下した。ただし、直近3年間（2015～17年）は、政府主導による積極的な成長産業化政策などの効果もあり、回復の兆しが見られる。

　このような状況を鑑みれば、農業は概して衰退傾向にあると映るかもしれない。しかし、現在の農業の置かれた状況は「ピンチ」ではなく、「チャンス」と捉えることもできる。農業就業者の減少というネガティブな現象は、農業就業者1人当たりの経営資源である農地の増大、出口としてのマーケット規模の拡大と同義である。日本の総人口は減少局面を迎えたものの、その速度は比較的緩やかである。さらに、13年に和食がユネスコ無形文化遺産に登録され、日本の優れた品種や栽培技術・ノウハウに基づく高品質な農産物の需要は、海外にも広がっている。

　よりグローバルな視座に立てば、世界の人

口規模は30年に84億人に達し、食料需要は今後ますます拡大すると言われている。近年は農業の競争力を強化し、農業の成長産業化を志向する積極的な農業政策へとかじが切られており、強力な政策的支援も期待できる。

ここで注目されるのが農業従事者の減少（＝労働力不足）という状況で、より効率的・高付加価値な営農を可能とする仕組みである。われわれ日本総合研究所は16年から、少ない農業者でも高付加価値な農業を展開し、農業者みんながもうかる次世代農業モデル「アグリカルチャー4.0」を提唱。その実現手段の一つとして自律多機能型農業ロボット「MY DONKEY®（マイドンキー）」（以下、DONKEY、写真1）の開発・社会実装を推進している。

DONKEYのコンセプト

■移動機能ベースに、幅広い用途

DONKEYのコンセプトは「農業者に寄り添うこと」である。現状の農業機械は農産物の種類、作物の生育段階における作業工程によってさまざまな専用機械が存在している。DONKEYは特定の品目や作業工程に特化せず、ベースとなる移動機能（リモコンのみならず農業者の自動追従や圃場の自律移動）を提供し、そこに種々のアタッチメントを付け替えることで、徐々に用途を拡大することができる。それにより、単一用途に特化した専用機械や他の農業ロボットと比較して、年間を通じて高い稼働率を実現し、結果として高いコストパフォーマンスを発揮する。

現在、日本総合研究所はこのような新たな農業ロボットの開発・社会実装を推進すべく、慶應義塾大学との共同研究、当該研究成果を発展させる開発コンソーシアムの設立・運営を経て、DONKEYの活用に期待を寄せるパートナー農業者・自治体・企業とともに、開発・実証・改善のサイクルを推進している。今後は開発・販売を行う事業体設立と実用製品の提供開始を目指している。

■高いコストパフォーマンスの実現

DONKEYは大きく分けてベースモジュール、走行アタッチメント、作業アタッチメントの3つの部品から構成される（図1）。ベースモジュールはカメラなどの各種センサー、CPUなどの制御機構、バッテリーなどの給電装置、クラウドとの通信機能を備

写真1　DONKEYの外観 （写真提供：日本総合研究所）

図1　DONKEYの構成イメージ（提供：日本総合研究所）

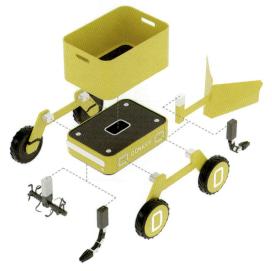

え、DONKEYの中核を成す。各種アタッチメントは、圃場・畝などの状況に応じて、幅・高さ・タイヤなどを調整した走行アタッチメントおよび播種・除草・施肥・農薬散布・かん水・摘果・摘葉・収穫などの作業シーンに応じて換装する作業アタッチメントから構成される。ベースモジュールを共通機構とし、品目・作業工程による多様性を着脱可能なアタッチメントで吸収することで、高い稼働率（＝作業への適応性）と低コストの両立を実現する。

①収穫物の運搬支援

　DONKEYの活用ケースを幾つか紹介しよう。**写真2**は、DONKEYの農業者の自動追従機能を活用した収穫物の運搬支援の様子である。農業者は収穫した農産物を自ら運搬する必要はなく、DONKEYが一定の距離を維持しながら自動で追従することで、農業者の

写真2　なすの収穫支援（栃木県茂木町）（写真提供：日本総合研究所）

写真3　わき芽抑制剤の散布（茨城県阿見町）（写真提供：JT）

代わりに運搬する。農業者はDONKEYに搭載された収穫コンテナに農産物を格納する。農業者は両手が自由になることで作業効率が高まり、重量物の運搬に伴う作業負荷や収穫後のコンテナ搬出作業から開放される。これにより、体力がない高齢の農業者や、女性でも作業が行いやすくなる便益も期待できる。

②農業用タンクを搭載、防除を支援

　写真3はDONKEYが農薬用タンクと散布装置を搭載し、農業者の防除を支援する様子である。背負い式の動力噴霧器を使用する場合に比べ、およそ20kgのタンクを背負う必要がなくなる。DONKEYは最大100kgの耐荷重があるため、散布装置を除いた重量まで農薬を運搬できることから、タンクに農薬を充填する頻度が減る。このように、DONKEYは農作業の軽労化のみならず、省力化にも貢献する。

③将来的には農薬の自動散布も

　DONKEYの作業アタッチメントの開発は、現在進行形で進んでいる。先ほど紹介した農薬散布では、より大量の農薬散布や農薬の被ばく軽減といった農業者の希望に応え、散布に要するホースリールの自動巻き取りアタッチメントを開発中である。将来的には当該アタッチメントの活用により、農薬の自動散布が実現する。なお、農薬の自動散布はドローンでも研究開発が進んでいる。しかし耐荷重や連続飛行時間の制約から、病害虫の被害が顕在化した箇所へのピンポイント散布など、その用途は限定的である。また、上空からまくことから、上空から見た際に隠れている葉裏への農薬散布が困難であり、広範な作物への展開は今後の課題となっている。

■データ活用し、新たな農業モデルを

　DONKEYの機能は、農作業の支援にとどまらない。図2のように、独自のデータベースおよび外部システムとの相互接続のインタフェースを備え、取得したデータを活用したサービス提供のプラットフォームとなる。

　DONKEYは複数のセンサーを搭載しており、作物の生育状況や当該作物を取り巻く栽培環境、当該作物に対する作業履歴などのデータを自動的に収集する。例えば、DONKEYが農産物の収穫を支援する際、作物の等級別の重量を自動取得することができる。農業者が収穫物をコンテナに格納する際、コンテナの下部に搭載された計量装置が作動し、重量を計測する仕組みである。さらに、これらのデータはDONKEYのベースモジュールに備わっているGNSSの位置情報と組み合わされ、圃場を上空から見た平面図に

図2 データ活用のプラットフォーム構想 （提供：日本総合研究所）

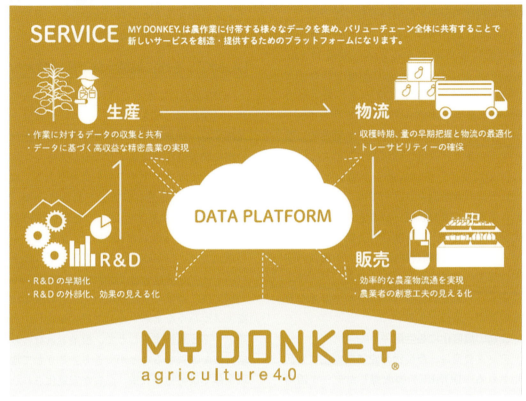

対して1m²のマス目で区切って時系列で蓄積される。

　また、このデータプラットフォームはDONKEY以外のエッジデバイス（固定式センサー、ドローンなど）とも連携でき、幅広いデータの蓄積や多角的な分析が可能となっている。

　農業生産に係るデータ活用には農業生産性の向上や農産物流通の高度化など、さまざまな用途が想定される。これらのデータ活用サービスは外部のサービスプロバイダーと提携することで、オープンイノベーション（新技術・新製品の開発に際して組織の枠組みを越え、広く知識・技術を結集すること）で徐々に拡大する。すなわち農業者の享受できる便益は、DONKEYの継続利用（蓄積されるデータの増加＝サービスの裾野の広がり）とともに増大していく仕掛けである。

①生育具合に合わせ肥料・農薬を散布

　まずは農業生産性の向上について紹介しよう。通常、農業者は施肥や防除などの作業の実行に応じて、その内容を作業台帳に記録する。これらの記録はこれまでの作業の実施状況をつまびらかにし、作業計画にフィードバックすることで、次の作業の実施時期・手順・内容などの改善に活用される。DONKEYを活用する場合、農業者は独自のアプリケーションを通じて、DONKEYの取得したデータをより細かい圃場区分で確認することができる。農業者は肥料・農薬の散布量や生育具合のばらつきを把握し、それらを是正することで高品質の農産物を生産することができる。

　既に紹介した自動散布の機構と組み合わせれば、人手では対応できないきめ細かな粒度で適量の施肥・農薬散布を実現し、収量の増大、品質の上位集約、資材コストの低減につ

②作業履歴も反映した高精度な収穫予想

さらに、農産物の成長シミュレーションの高度化にも貢献できる。DONKEYは1m^{2}マスの平面ごとに時系列で蓄積されたインプットデータ（生育状況データ、栽培環境データ、作業履歴データ）からアウトプットデータ（収穫物の収量や品質）を動学的に導出する。本モデルは、従来モデルのように単に栽培環境データ（気象や土壌などのデータ）から収穫予測を行うのではなく、農業者の作業履歴や生育状況、つまり創意工夫や努力がアウトプットに反映される構造となっている。将来的には収穫時期・量の予測性の向上、農業の生産性のさらなる改善、ベテラン農業者から若手農業者へのノウハウ継承などへの活用が期待できる。

③流通の高度化にも活用

データ農業は、農産物の流通高度化にも活用される。DONKEYの取得したデータ活用により、農産物の品質・量の安定化、トレーサビリティーの担保、収穫時期・量の予測性の向上が期待される。このような特徴を具備した農産物および農産物を生産する農業者を取りまとめ、出荷・取引に必要なデータを販売先に提供することで、流通コストの低いダイレクト流通業者との取引を増やし、農業者の所得増大を目指すことが可能となる。

DONKEYを核に地域全体で所得増大へ

DONKEYは、農村などの農業者コミュニティー全体で活用されることによって真価を発揮する。DONKEYの活用方法は地域独自の圃場環境や作物によるところが大きく、地域に応じてカスタマイズする余地がある。地域の精力的な農業者の協力を得ることで、データ活用サービスの拡大、制御機構の刷新、作業アタッチメントの拡充、活用モデルの進化など、DONKEYの使い勝手やコストパフォーマンスは大きく改善する。

例えば、地域の営農成績の上位者の栽培技術・ノウハウをデータとして形式知化し、当該データと比較することで、農業者自身の栽培方法を改善することができる。こうして地域全体で農産物の収量・品質が安定化されれば、独自の産地ブランドの形成・強化にも役立てることができる。先述した流通の高度化サービスと組み合わせれば、地域全体でDONKEYを核とした農業振興や所得増大を目指すことができる。

Ⅱ部 事例編

農作業アシストスーツ

パワーアシストインターナショナル㈱／和歌山大学　八木 栄一

Ⅱ部 事例編【基盤技術】

農作業アシストスーツとは

　女性が農業に参入しやすくし、高齢者が少しでも長く農業を続けられるように装着して力作業を支援する。左右の腰付近に配置した電動モーターなどにより、収穫コンテナなど重量物の持ち上げ作業時や、前かがみになったりしゃがみ込んだりする中腰での農作業時に腰をアシストする。さらに急傾斜の栽培地での運搬作業などで歩行をアシストする。

何ができるか

・例えば20 kgの重量物を持ち上げ時や持ち下げ時に、腰にかかる力を10〜15 kg程度アシストする
・中腰姿勢を保持する際に腰にかかる力をアシストするので、長時間中腰作業をしても疲れない
・歩行時に足を振り上げる力と踏ん張る力をアシストするので、急傾斜の栽培地での歩行や重量物運搬時の歩行が楽になる

中腰作業や運搬作業をアシスト

　日本の農業においては後継者不足と従事者の高齢化が急速に進み、農林水産省のデータによると2018年の農業就業人口は約175万人で、10年の約261万人と比べると33％減少、65歳以上の高齢者の割合は68％となっている。一方、農業従事者は収穫物などの重い荷物を持ち上げて運搬することが多いため、腰痛を患っている人が多い。また長時間、中腰作業を強いられることも多い。急傾斜の栽培地などでは歩行支援など農作業の軽労化も望まれている。そこで高齢農家を手助けし、力の弱い女性や若者などが農業へ参入しやすくするため、ロボット技術先進国のわが国において農作業を軽労化するロボットの実現が望まれていた。

　このような状況の下、05年4月から和歌山大学でアシストスーツの研究を始め、18年10月に和歌山大学発のベンチャー・パワーアシストインターナショナル㈱でアシストスーツの製造・販売を始めた。

　このアシストスーツは、**写真1**のような農作業現場では、収穫コンテナの持ち上げ作業や収穫・摘果時の中腰作業で腰をアシストしている。収穫コンテナの運搬作業では歩行をアシストする。また極端に前かがみになったり、深くしゃがみ込んだりする姿勢で農作業を行っても、装着者の動作を邪魔しないメカニズムになるよう工夫している。

　また、**写真2**の食品工場では、アシストスーツが食品原料袋の持ち上げ作業時や食品原料を投入する時の中腰作業時の腰をアシストしている。さらに、食品原料袋の運搬作業の歩行もアシストしている。

国内外の研究・開発状況

　アシストスーツの歴史を振り返ると、1960

温州みかんコンテナの持ち上げ作業

八朔（はっさく）の摘果での中腰作業

温州みかん収穫での中腰作業

温州みかんコンテナの運搬作業

写真1　農作業現場での用途

年代にアメリカGE社が開発した全身フレームタイプの油圧式アシストスーツ「Hardiman」は重量が680kgあった。その他にも多くの大学や研究機関で研究が進められてきた。

最近の国内研究では、筑波大学ベンチャー・サイバーダイン㈱の「HAL」は股関節と膝関節を支援する下肢フレームタイプの電動式で、自立歩行支援用途に開発されている。筋肉を動かそうとした時に脳から神経を通じて筋肉に流れる微弱な筋電位信号を用いて筋肉が出そうとするトルク（ねじりの強さ）を推定する方式や、筋電位信号をトリガー（引き金）信号にしてアシスト動作を行う方式を開発し、実用化の先駆けとなった。

東京理科大学ベンチャーのイノフィス㈱の「マッスルスーツ」は工場用や介護用などとして、空気圧で伸縮するゴム人工筋肉を用いて腰関節をアシスト。手元スイッチなどでアシスト動作を行う。

北海道大学ベンチャーの㈱スマートサポートの「スマートスーツ」は弾性材を補助力源としたパッシブ（受動的）で軽量なスーツである。

東京農工大学では農業用に肘と肩関節をON／OFFで固定支持でき、バネで膝をアシストするスーツを研究している。

パナソニック㈱の社内ベンチャーのアトウン㈱の「モデルY」は持ち上げ時に電動で腰関節をアシストするタイプである。

本田技研工業㈱では自立歩行支援用にリズム歩行アシストや、工場用などに体重支持型歩行アシストの開発を進めている。

食品原料袋の持ち上げ作業

食品原料の投入での中腰作業

食品原料袋の運搬作業

写真2　食品工場での用途

海外では、アメリカで盛んに研究されており、軍事用や自立歩行支援用にカリフォルニア大学やマサチューセッツ工科大学、ハーバード大学、ロッキードマーティン社などが油圧式や電動式、空気圧式で研究している。

ここでは特に実用化を目指した研究に着目して列挙した。これら以外にも多くの大学や研究機関でアシストスーツの研究開発が進められている。

開発したアシストスーツ

筆者らは改良を重ね（**写真3**）、30 kgの米袋や20 kgの果物の収穫コンテナなど重量物の持ち上げ作業や中腰作業、歩行、運搬作業をアシストするスーツを開発した（**写真4**）。以下に詳細を述べる。

電動モーターの力は装着者が出せる力の範囲内に制限し、もし万が一、誤って装着者の意図と逆方向にアシストしても、装着者がモーターを逆回転できるようにしている。転倒防止の面から膝下部をフリーに動けるようにし、安全面にも配慮している。電動モーターは装着者の左右股関節付近に配置し、抗重力方向に対してアシスト動作を行い、その他の動作については受動回転軸（空回りする回転軸）を配置。アシストスーツを着用することで装着者の動作が拘束されないようにしている。フレーム構成部材には強化プラスチック樹脂を使用し、必要な剛性を維持しながら軽量化を図った。制御手法については、装着者の股関節角度と加速度センサーや角速度センサーなどのモーションセンサーおよび指先のタッチスイッチ信号に基づいた動作意図推定を行うことによって、装着者の動作と同時にアシストが開始されるようにしている。

■総重量4.7 kg、電池で4時間稼働

写真4に示す通り、装着者とアシストスーツは、腰部や左右大腿部と胸部に配置されたベルトなどで固定され、装着者の体型に合わせることができる。装着者の股関節角度と加速度センサーや角速度センサーにより、装着者が歩行動作を行うと適切な歩行アシストを受けることができる。指先にタッチスイッチが取り付けられているので、装着者が荷物の持ち上げ動作を行う際に任意のタイミングでタッチスイッチを押すと、持ち上げアシストを受けることができる。

2009年度（40 kg）　　　2010年度（26 kg）
〔用途：全身アシスト〕
〔肩・肘・股・膝関節の支援〕〔空気圧式〕

2010年度（14 kg）　　　2011年度（9.5 kg）
〔用途：上向き・歩行アシスト〕
〔肩・股関節の支援〕〔電動式〕

2011年度（9.6 kg）　　　2012年度（7.4 kg）
〔用途：持ち上げ・歩行アシスト〕
〔腰・股関節の支援〕〔電動式〕

写真3　アシストスーツ開発の経緯

アシストスーツの総重量は4.7 kgで、リチウムイオン電池の使用で約4時間の稼働が可能である。屋外の使用も想定されるため、電装品は生活防水機能を有している。制御機器は装着者背部に配置した組み込みマイコン内蔵のコントロールボックス、持ち上げアシスト用指先タッチスイッチの信号送信用無線装置、およびアシストの強弱などのパラメーターを送信するためのリモコンで構成されている。組み込みマイコンには制御プログラムがインストールされており、リモコンからパラメーター（プログラムを実行する際に設定する指示事項）を送信することによって、アシストスーツが起動する。指先の持ち上げアシスト用タッチスイッチのデータは、無線装置を介して組み込みマイコンにリアルタイムに送信され、持ち上げ動作アシストに必要なトルクを算出し、モーター駆動装置から電動モーターへアシスト力を出力している。

■**アシスト制御の概略**

アシスト制御の概略を図に示す。装着者の股関節角度と加速度センサーや角速度センサーにより、歩行動作の情報を検出する。プログラムを起動させたときの姿勢を原点として、股関節角度と加速度センサーや角速度セ

写真4　装着したアシストスーツ

ンサー信号および指先のタッチスイッチ信号から、装着者の動作意図を推定し、歩行や持ち上げや中腰動作に必要なアシストトルクを出力する。

アシスト制御における重要な項目として、装着者の動作意図推定がある。従来研究で用いられてきた筋電位信号は計測装置の装着が煩わしいこと以外にも安定した計測が難しく、発汗による計測不良や計測電極が脱落するなどの問題があった。また、人体の下体部は筋肉の付き方が複雑であるため、計測位置を見つけにくく、複数の筋肉が関わる動作も多いため、正確な動作意図推定を行うには多点計測が要求される。

労働現場で使用するアシストスーツで用いる動作意図推定のデバイスとしては、現時点では不適であると考え、生体信号を用いない動作意図推定手法を以下の通り開発した。

①**歩行動作意図推定**

人の歩行動作は、右単脚支持期（左遊脚）と両足支持期および左単脚支持期（右遊脚）を繰り返す運動である。この歩行周期の一部をもって、つまり両足支持期から単脚支持期に変化したとの情報で歩行動作意図があることは推定できる。しかし、歩行動作であると判断することはできない。

そこで、加速度センサーや角速度センサーによって計測された左右の足が交互に着地している情報と、電動モーターの角度センサーによって計測された左右股関節角度が交互に屈曲している情報を組み合わせることによって、歩行動作を推定している。

装着者が1歩だけ踏み出したのか、歩行中であるのかの判断をするため、一定時間内に着地情報と股関節角度情報のパターンの一致が連続して発生した度合いを歩行割合として0〜100％の間で管理し、この歩行割合に応じてアシストトルクを増減させることで、違和感の解消を行っている。

歩行のアシストトルクは、遊脚側には股関節角度に応じて足を振り上げるのに必要なトルクを出力し、支持脚側には股関節角度に応じて足を支持するのに必要なトルクを出力している。

②**持ち上げと中腰動作意図推定**

装着者が荷物を持ち上げるか中腰動作を行

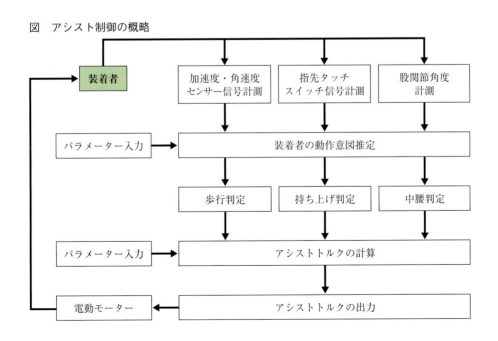

図　アシスト制御の概略

うためにしゃがみ込むと、歩行時に逆位相に動作していた股関節角度が同位相の動作に変化する。この角度変化の違いを電動モーターの角度センサーで読み取り、歩行動作からの切り替えを行っている。

装着者のしゃがみ込み動作が完了した時点で、しゃがみ込み角度に応じて必要な中腰アシストトルクを出力し中腰アシストを開始する。さらに指先のタッチスイッチを押すことで、持ち上げアシストトルクを出力して持ち上げアシストを開始する。

筋力軽減や疲労軽減の効果を確認

開発したアシストスーツを装着し重量物持ち上げ動作を行い、装着者の筋活動がどの程度減少しているかを検証した。アシストスーツを装着して、10 kgの米袋が2袋入ったコンテナ（総質量23 kg）の持ち上げ動作を行い、アシストスーツを装着せずに同じ動作をした場合との筋肉の筋電位信号を比較した。装着者には持ち上げ動作開始タイミングのみ合図し、以降の動作は装着者が自然な動作が行えるように時間的制約は設けなかった。

アシストスーツ未装着時の背筋の筋電位計測信号と装着時の信号を比較すると、装着時は未装着時に比べて持ち上げ動作中の筋活動が大きく減少していることが分かった。また、未装着時は持ち上げ動作時間が約5.2秒だったが、装着時は約4.5秒となり、より短い時間で同じ作業が行えることが分かった。

次にアシストスーツ未装着時の背筋と腹直筋および内側広筋の筋電位計測信号を二乗平均平方根処理し時間積分した値を「1」とし、装着時のそれぞれの値を比較した。筋活動は、背筋では48％、腹直筋では37％、内側広筋では9％減少していることが分かった。

また呼気ガス分析実験を行い、算出したエネルギー消費量の効果について検証した。結果、アシストスーツ未装着時のエネルギー消費量を「1」とし、装着時の値を比較した結果、エネルギー消費量が30％減少していた。

以上の結果、アシストスーツは重量物の持ち上げ動作における筋力軽減に効果があること、疲労度の軽減に効果があることが確認できた。

「高齢者の腰」となり高齢化社会支える

以上、アシストスーツ開発の経緯と現状についてまとめた。

今後とも農作業現場での問題点を明らかにし、改良を進めていきたい。低コスト化や軽量化およびコンパクト化をはじめ、装着者との親和性の改善やよりスムーズなアシスト制御を実現し、より広い普及を目指している。

最後にアシストスーツが農業者の負担を軽減し、高齢化する日本農業を支える役割を果たす日が来ることを期待する。電動アシスト自転車が「高齢者の足」となって普及しているように、アシストスーツが「高齢者の腰」となり、農業や物流、建設などの現場はもちろん、介護や日常生活においても広く普及し、日本の高齢化社会を支えるようになることを願っている。

Ⅱ部 事例編

衛星リモートセンシング

東京大学　井上 吉雄

衛星リモートセンシングとは

地上高度約600kmの上空を周回する人工衛星に特殊カメラなどのセンサーを搭載して、遠隔的に地上の情報を収集する技術。赤外線や電波など目に見えない波長域の計測も可能である。現在数百個の衛星が日々地上を観測している。衛星センサーにより平野規模の範囲を数m程度の分解能で一挙に観測できる。

何ができるか

- 数百km^2の範囲を数m程度の高い分解能で一挙に捉えることが可能である
- 波長別のデータを使うことにより、圃場ごとあるいは圃場内の作物生育状態の違いを分布図として量的に把握できる。例えばクロロフィル量、窒素含有量、収穫適期、土壌肥沃度（ひよくど）などの診断マップを作成できる
- 診断マップデータはインターネットを介してスマートフォンなどの端末で閲覧・利用できる

宇宙空間から圃場を見守る目

近年、農業従事者の減少・高齢化とともに少数の農家への農地の集積が進み、個々の農家、営農法人などの管理面積が急速に拡大しつつある。しかし、個々の圃場サイズは従来の基盤整備による30aレベルが大多数であり、それより小さな圃場も多数存在する。また、それらの小規模多数の圃場が広域に分散していることも少なくない。北海道の比較的大規模な圃場でも大多数は数haレベルであり、欧米に比べると大幅に小さい。

このような状況の中で、少人数で多数の圃場を効率的に管理し、高い収量・品質を持続的に確保するために「スマート農業」が有望な技術的解決策と期待されている。中でもセンシング技術は、情報通信、人工知能、ロボット技術と並ぶスマート農業の主要技術である。特に多数の小規模圃場が広域に分布する状況で、地域特産のブランド米生産を支援するような場合には、個々の農家や営農法人といった単位でなく、産地スケールでのセンシングによって情報を収集・利用することが効率的かつ低コストになる。衛星によるリモートセンシングは、そのような目的に最も適したセンシング技術といえる。

生育や土壌の実態を広域的に把握

スマート農業では、肥料・農薬・水・エネルギー・労力を過不足なく使用し、かつ収量・品質を確保するため、営農サイクルの主要な意思決定には、個々の圃場ごとあるいは圃場内の空間変異に関する情報が役立つ。

衛星リモートセンシングにより、圃場ごとの作物生育や土壌の実態を広域的に把握して営農者に提供し、地域内の生産管理のスマー

ト化を支援できる。

さらには、いわゆる「高品質ブランド米」のように、良品質農産物を地域特産物として生産・販売するための産地戦略をサポートする情報技術として活用できる。これらの情報は圃場ごとの施肥量の調節や適期収穫、土壌管理や水管理、病害虫や雑草の防除のための判断基礎として活用できる。

衛星画像の能力

リモートセンシングは、離れた場所から特殊なカメラなどのセンサーを使って、対象物の状態を測る技術である。現在、数百個の人工衛星が多様なセンサーを搭載して高度数百kmの上空から日々地球を観測している。

最近の衛星センサーの開発・運用の顕著な傾向として、同一仕様の多数（100機超など）の小型衛星センサーのコンステレーション（連携運用）により、全陸域を高頻度（毎日1回など）で観測する民間サービスが競って進められている。

■適時観測

スマート農業への応用では適時観測が特に重要であり、コンステレーションなどにより観測頻度は各段に高まっている（表）。ただし、スマート農業の実用場面では、ユーザーが必要とする有用情報が比較的短期間の適期に確実に提供できるよう、異種衛星データの併用や衛星データと気象的モデルの組み合わせ法などの利用も必要である。

■空間解像度

必要な空間解像度は圃場サイズによるが、多くの用途で1～10m、できれば5m程度までの解像度が望ましい。すでに多くの衛星センサーがこのレベルの空間解像度を有する。

■観測範囲

多数の圃場群（産地スケールでは数万～数十万枚）を対象にしても、多くの衛星の観測幅は10～100km程度であるため、十分カバーできるレベルとなっている。

■情報伝達

有用情報がユーザーの手元に届くまでの時間として要求されるのは、例えばかんがいや施肥管理の用途では0.5～1日と短いが、近年はインターネットを介したデータ伝送とWebGISなどのツールによる閲覧が一般化し、スマートフォンでの診断マップ閲覧も可能になっている。

■計測信号

診断に必要な情報を作成するためには、可

表　スマート農業に利用できる高解像度光学衛星の概要

衛星センサー	波長帯（μm）	解像度（m）	周期（日）	観測幅（km）	備考
GeoEye-1 WorldView-4	0.45-0.92（4ch）	1.6	3	13	2008年～ 2016年～
WorldView-2	0.40-1.04（8ch）*	1.9	1～	16.4	2009年～
WorldView-3	0.40-2.37（16ch）*	1.2	1～	13.1	2014年～
DEIMOS-2	0.42-0.89（4ch）	3	2～3	12	2014年～
Skysat	0.45-0.90（4ch）	2	1～	8	2013年～、7機
Dove	0.46-0.86（4ch）	3.7	1～	24	2017年～、100機超
RapidEye	0.44-0.85（5ch）*	6.5	1～	77	2008年～、5機
Pleiades	0.45-0.92（4ch）	2.8	26～	20	2011年～、2機
SPOT-6/7	0.46-0.85（4ch）	8	26	60	1986年～
Sentinel-2	0.44-2.2（13ch）*	10～	5	290	2015年～、無料公開
Landsat 8 LDCM	0.43-2.30（7ch） 10.6-12.5（2ch）	30 100	16	185	1972年～、 熱赤外、無料公開

＊Red Edgeバンドを含む

視〜近赤外、熱赤外、マイクロ波の各波長領域のセンサーが有用である。しかし、スマート農業への応用という観点では、現時点では高解像度マルチスペクトルセンサーの利用が最も現実的である（表）。近年多数打ち上げられている小型商業衛星センサーは観測頻度が高く、スマート農業で利用する上では大きなメリットがあるが、波長は可視〜近赤外域の4バンドに限定されている。また、ほぼランダムに撮られた多数の画像を集めて使用することから、特に広域の場合には、データの物理精度や幾何学的精度の確保、利用のしやすさなどが課題である。

診断情報作成法—アルゴリズム

スマート農業など農業生産管理へ応用するには、行政施策担当者や農家・農業指導員などの診断や意思決定に有用な情報を衛星データから抽出・生成することが不可欠である。すなわち、リモートセンシングによって計測される分光反射率などの物理データから、生育診断上意味のある植物生理生態情報（クロロフィル量、バイオマス、光合成容量など）や土壌情報を推定するアルゴリズム（計算手法）、計量モデルが不可欠になる。

大多数の衛星センサーが可視〜近赤外の波長帯を有するため、それを前提とした簡易なアルゴリズムが種々開発されている。例えば赤・近赤外2バンドを用いる正規化植生指数（NDVI）が最も多用されているが、知りたい情報に対応して最適な指数を使用することが望ましい。

診断情報マップの作成法・利用法

■水稲の植物体窒素量と施肥管理

図(a)にWorldView-2の8バンド画像から水稲の追肥診断時期である幼穂形成期に群落窒素量を推定した事例を示す。約200 km²に数万枚の圃場がある水田地帯の一部を例示している。群落窒素量の推定にはレッドエッジ（赤〜近赤外域の反射スペクトルが急激に変化する波長帯）を用いた分光指数が最適であると分かっており、品種・地域の異なる多様な水稲群落において高い推定力を示すことが検証されている。

なお、この地域では全域の圃場区画ポリゴンが利用できるため、GISにより圃場ごとの平均値を算出し、玄米タンパク質含有率（この事例では7.5％）の目標水準に照らして圃場ごとの追肥の要否・施用量が判定される。追肥が必要な圃場のみをあらかじめ選定し、必要なレベルの量を施用することにより、地上調査および施肥作業に要する労力を軽減し、肥料を効率的に使用しつつ、食味と収量の確保を図ることが可能となる。

■小麦群落のクロロフィル量と施肥管理

小麦の伸長開始期に衛星WorldView-3の8バンドデータを用いてクロロフィル量の空間分布を評価した事例を図(b)に示す。小麦栽培において、追肥は収量・品質向上にとって主要な管理技術であり、茎立期および出穂期の生育量、特にクロロフィル量の診断結果は、過不足のない肥料施用の基礎として活用される。

■水稲の子実タンパク質含有率と収穫管理・施肥管理

国内の水稲生産では玄米のタンパク質含有率が食味の指標として用いられており、施肥管理によってタンパク質含有率を基準内に抑制することが推奨されている。衛星データによって、収穫前に圃場ごとのタンパク質含有率を予測することで、基準をクリアする圃場群をまとめて収穫・調製する区分化収穫や、圃場ごとの子実タンパク質含有率データを次年度の施肥管理に反映させるなどの指導が可能となる。図(c)に青森県での広域的なタンパク質含有率マップの作成事例を示す。この事例では、3,000 km²に及ぶ広域をカバーするため、コストも勘案してやや空間解像度を落とし、SPOT6/7およびRapidEyeとい

図 スマート農業における衛星リモートセンシングの利用フローと診断情報マップの作成事例

水稲の収穫適期予測と収穫管理

胴割れ米は、収穫作業が成熟期を過ぎると急激にその発生リスクが高まる。広域的な積算気温を目安とした従来の適期判定法では、実際には刈り遅れになる圃場が多い。事前に圃場ごとの収穫適期の情報が得られると、産地スケールでの品質確保対策として特に有効である。適期収穫により乾燥費用の低減効果も期待される。

図 (d) に青森県津軽平野全域を対象に登熟中期の RapidEye の画像を用いて作成された収穫適期予測マップの事例を示す（Ⅱ事例編・稲作「収穫適期マップ」参照）。

小麦の成熟進度予測と収穫管理

図 (e) に茨城県の畑圃場におけるパン用小麦の成熟進度について衛星 GeoEye-1 を用いて推定した事例を示す。広域に分散した多数の圃場について、圃場ごとの収穫適期情報を事前に取得できるため、収穫作業の順序や刈り取り時期の最適化が可能となり、品質のそろった出荷ロットを作成する労力や乾燥経

費の軽減につながると期待されている。

■ **土壌の肥沃度推定と土壌・施肥管理**

　土壌の肥沃度レベルが圃場ごとに把握できれば、堆肥などの土壌改良資材の投入や、これから作付ける作物の施肥設計をより的確に行うことが可能となる。近年は新たな圃場を多数組み入れての営農規模の拡大が急速に進みつつあるため、栽培実績のない個々の圃場の生産性に関する情報を事前に把握することは農地管理上の有用である。

　図 (f) にWorldView-2の複数バンドを用いたアルゴリズムにより推定した土壌の肥沃度指標である炭素含有率のマップを作成した事例を示す。

コストと費用対効果

　スマート農業への応用でもう一つ重要な要件は、衛星利用の費用対効果である。近年、画像単価は1ha当たり数円～数十円程度となっており、無償の画像提供も進みつつある。従って画像より、むしろ有用情報の生成と提供に関するサービスにかかるコストが重要であり、そこでの人件費や計算機資源などの低コスト化に向けた技術や工夫が必要となる。例えばデータ処理の自動化・迅速化による費用の低減化、増収や品質向上あるいは省力効果の高い応用場面を含む多用途でのデータ利用、気象情報など他の情報ソースとの複合的利用などによって利用効果を拡大することが有効と考えられる。

　フランスでの小麦を対象とした実用化事例（FARMSTAR）では、衛星データの取得・処理から診断マップ作成、処方箋作成までの情報サービスが1ha当たり年間150円程度で利用できる。このようなサービスが2017年時点で農家約1万8,000戸（約80万ha）に利用されている。サービス導入により、収量が10～15％増加、タンパク質含有率が0.8％程度向上、窒素肥料を10～17％節減という効果の他、1ha当たり2～3万円程度の所得増加が見られ、情報サービス契約の年更新率は90％に達するとされている。

衛星情報の実装と普及に向けて

　産地スケール、大規模営農スケールのいずれにおいても、品質、収量、省力を同時に実現する上で、空間情報技術活用へのニーズは多い。地球観測衛星に搭載されたセンサーは、可視～近赤外～短波長赤外～熱赤外～マイクロ波まで多様であり、学術、実業、教育など多くの分野で活用が進みつつある。今後利用可能になる衛星群も含め、衛星データを地域・作目・作期などが異なる多様な生産現場に適用し、スマート農業への応用での実効を上げるためには、有用情報の適時・迅速な生成が特に重要な要件である。

　衛星画像、データ処理、提供サービスなどの様態は適用するスケールや生産場面での利用ニーズに応じて異なるが、費用対効果の高い用途を中心に、現場での社会実装に向けて多角的に取り組む必要がある。

　なお、本研究の一部は内閣府総合科学技術・イノベーション会議「戦略的イノベーション創造プログラム（SIP）」（農研機構生研支援センター）の支援を受けた。

【参考文献】

1) 井上吉雄（2017年）「高解像度光学衛星センサによる植物・土壌情報計測とスマート農業への応用」日本リモートセンシング学会誌37巻、p.213-223
2) 井上吉雄編著（2019年）「―農業と環境調査のための―リモートセンシング・GIS・GPS活用ガイド」森北出版、p.154
3) 井上吉雄（2019年）「スマート農業―自動走行、ロボット技術、ICT、AIからデータ連携まで―」（監修：神成淳司）NTS出版、p.175-187
4) 井上吉雄（2019年）「リモートセンシングの応用・解析技術―農林水産・環境・防災から建築・土木、高精細度マッピングまで」（監修：中山裕則・杉村俊郎）NTS出版

Ⅱ部 事例編

ドローンリモートセンシング

東京大学　井上 吉雄

ドローンリモートセンシングとは

　ドローン（UAV/UAS）に特殊カメラなどのセンサーを搭載して、低空を飛行させながら、遠隔的に地上の情報を収集する技術。赤外線など目に見えない波長域の計測も可能である。ドローンは簡易な操作による自動飛行が可能で、随時的に作物や圃場を観測できる。

何ができるか

- 作物の倒伏、畦畔雑草（けいはん）の繁茂状況、圃場内の水回り、水路状況などを鳥の目のように高精細に観察できる
- 圃場ごとあるいは圃場内の作物生育状態の違いを面的・定量的に把握できる。すなわちクロロフィル量、窒素含有量、収穫適期、病気・水ストレスレベル、土壌肥沃度（ひよく）などのばらつきを分布図として閲覧できる。また、デジタルマップとして農機作業に活用できる
- 圃場の凸凹や作物草高などの3次元起伏マップを作成し、圃場の均平作業や生育状況の把握に活用できる

鳥が空を飛ぶように圃場を見回る

　近年、ドローン技術の進歩と普及は著しく、広範な用途での活用が実現しつつある。わが国でも、航空法の改正や飛行に関わる規制緩和などドローンを安全に産業利用するための環境整備が進んできた。

　リモートセンシングは、離れた場所から特殊なカメラなどのセンサーを使って、対象物の状態を測る技術である。センサー搭載装置として衛星、航空機、気球などさまざまな飛行体が利用されてきたが、ドローンは低空からの新たな観測システムとして極めて有望である。

生産管理への活用

　農業従事者の持続的な減少と高齢化とともに、30a程度の小規模圃場を多数集積して経営規模を拡大する傾向が急激に進行している。そのため管理している圃場群を頻繁に見回り、作物や圃場の状態に応じた管理を適期に実施することが困難になっている場合も少なくない。

　このような状況の下、「農業のスマート化」を進める上で、リモートセンシングによる圃場ごとあるいは圃場内の作物生育や土壌の実態に関する面的な情報は特に重要な役割を果たす。

　すなわち①営農計画や栽培管理を支える基礎情報②農機を制御するためのデジタルマップ③人工知能を駆動するビッグデータの一角を担う圃場"G空間情報"（位置情報とそれにひも付けられたデータからなる情報）——として重要な情報源となる。

最新システムの性能

■機動性、操作性とセンシング機能

　ドローンは低空から比較的小面積を機動的に観測できるため、国内では100 ha程度までの規模の営農におけるスマート管理への応用が現実的である。現行航空法では、地上高度150 m以下であれば、ドローンによる観測飛行の航空局許可申請は不要である。

①ドローン機体

　ドローンはエンジンヘリコプター型、固定翼型、マルチコプター型に大別される。圃場サイズ、営農規模、有視界飛行の制約、飛行時間やペイロード（積載重量）を勘案すると、国内（あるいは同様な条件のアジアなど）の営農単位スケールでの応用には、マルチコプター型ドローンが好適である。産業用のマルチコプター型ドローンは、積載重量が5 kg程度以下、飛行時間が20分程度以下の性能を持つ機体が多い。飛行経路をタブレットPCなどの画面上でプログラムし、GNSSデータを受信しつつ自動飛行することが可能である。また、不測の事態の際、安全に着地させるためのフェールセーフ機能を装備するなど、飛行の操作性と安全性は近年格段に高まっている。

②画像計測システム

　通常のビデオカメラやデジタルカメラを装備したドローンはすでに多く市販され、一般的な空撮は簡易に行える。すなわち篤農家の目視観察（雑草や病徴の発見など）を代替する用途では、圃場に入らず全面を低空から観察できる。また、取得される大量の映像に機械学習・AIなどを適用することで、病斑や雑草など着目エリアの問題点を自動検出することができる。

　リモートセンシングの主力である可視〜近赤外〜熱赤外の波長別画像計測については、数種類のマルチスペクトルカメラ、ハイパースペクトルカメラ、サーマル（熱を可視化できる）カメラが市販されている。これらによりさまざまな診断情報マップを作成することが可能である。

　ただし、計測データから求められる診断情報を生成するための適切なアルゴリズム（変換手順）がカギとなる。また、知りたい情報の種類や対象範囲、データ品質などを勘案して、適切な飛行機体やセンサー仕様、観測諸元（画角、波長帯、解像度調査範囲、地上解像度、飛行高度、積載重量、飛行時間など）を最適化することが重要である。

■先進的センシングシステム開発事例

　筆者らは、マルチスペクトル、ハイパースペクトル、熱赤外、微気象などの各種センサーを純国産の産業用ドローンに搭載した計測システムを開発した（図1）。

　機体は純国産ドローン（自律制御システム研究所、ACSL-PF1、ペイロードは電池含め約6 kg）である。カスタマイズや保守点検の容易さだけでなく、近年強まっている情報・データセキュリティーの観点からも国産機体の開発は重要である。本システムは任意の飛行経路をタブレット上で設定し、GNSS制御により高い位置精度を確保しつつ、自動航行・離着陸を行うことができる。

　搭載センサーは独自に開発・構成したもので、分光画像（波長別画像）モジュール、熱画像モジュール、可視動画モジュールの3つのモジュールからなる。

　同システムの運用に当たっては、飛行高度100 m、秒速4 mの水平移動速度で自動航行し、約10分程度のフライト1回で2〜3 haをカバーする観測諸元を基本としている。

　次節で同システムを用いた計測事例を紹介する。

情報の作成—計測と処理

■動画処理による3Dマップの作成

　可視動画モジュールのビデオカメラによって連続的に撮影された動画は、任意の高度・

ルートでの見回りと関心エリアの雑草、病徴、倒伏、畦畔、水路の問題の検出などに利用できるだけでなく、3次元（3D）モデルの作成に使用できる。すなわち、重複する静止画像群からSfM（Structure from Motion）法によって広範囲の正射影合成画像（オルソモザイク画像）や数値標高モデルDEMを容易に作成できる。データ処理には、Pix4Dmapper（Pix4D S.A.）やPhotoScan（Agisoft）など市販の画像処理ソフトが利用できる。

筆者らのシステムでは、高精細の可視画像から3Dモデルとオルソモザイク画像を作成するため、4K動画から一定のインターバル（前述の自動航行条件で5秒程度）で自動的に静止画像を抽出して用いた。

図2は可視動画モジュールにより連続的に撮影された200枚の位置データ付き静止画を処理した例で、約370万点の点群作成と、3D面を構成する約74万個のポリゴン群を生成し、3Dモデルを作成した。このように通常の空撮画像や波長別画像から容易に3Dモデルを作成できるため、地形の起伏、圃場表面の凹凸、作物の草高などの情報を実用に耐える精度でマッピングできる。

農地の表面状態、作物の生育や倒伏状況の情報、そして3次元マップは、農地整備や生育・収穫管理の意思

図1 先進的なドローンリモートセンシングシステムの機能

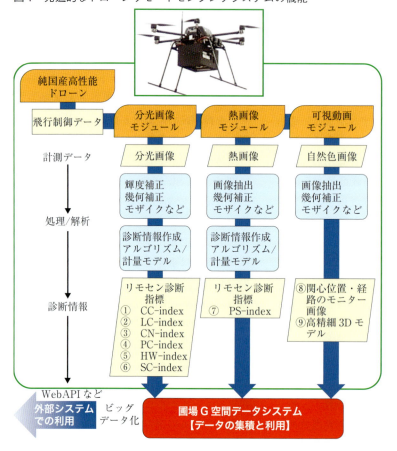

図2 連続直下視画像のSfM処理により生成した3次元モデルの事例（左：直下視画像〈上部に位置を表示〉から生成した点群、右：3D表示したオルソモザイク画像）

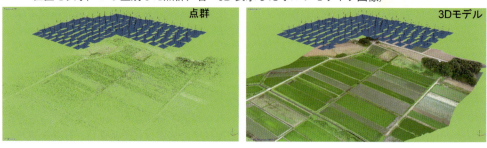

決定や管理作業に活用される。
■波長別画像計測と診断情報の作成
①可視～近赤外の波長別画像

スマート農業で役立つ診断情報を得る上で、波長別の画像は重要な役割を果たす。開発したドローンセンシングシステムでは、可視～近赤外の波長別画像の演算により、次のような診断指標を算出できる。それぞれ農学的な研究知見に基づいた作物・圃場の診断指標として役立つ。ただし、追肥量などの具体的処方への反映は、地域ごとの施肥基準や営農判断によって決定される。

・CC-index（群落クロロフィル量指数）＝緑バイオマスの指標、生育診断全般に活用
・LC-index（個葉クロロフィル濃度指数）＝生育中後期はSPADと相関、追肥診断に活用
・CN-index（群落窒素量指数）＝緑バイオマスとも高相関で窒素施肥の診断に使用
・PC-index（光合成容量指数）＝光合成有効放射吸収率や作物生産性評価に使用
・HW-index（穂水分含有率指数）＝成熟進度、収穫適期の診断や刈り取り順計画に使用
・SC-index（土壌炭素含有率指数）＝腐植含有率と相関、土壌肥沃度管理などに使用

図3は営農法人の小麦圃場（約15ha）を対象として、追肥診断時期にドローン観測を行い、CC-indexの分布図を作成した事例である。小麦は追肥によって収量・品質共に大きく変動するため、この時期の診断情報は処方決定の基礎として役立つ。また、このデジタルマップを可変散布機に伝送することで、圃場内の生育に応じて施肥量を調節することが技術的に可能となっている。今後さらに作業機の散布精度の向上が期待される。

その他の診断指標についても、水稲や小麦などの圃場を対象として、実測値による検証を行い、その有効性が確認されている。

②熱赤外画像

熱赤外画像データは、水分欠乏や罹病（りびょう）など植物のストレス程度の評価に特に役立つ。筆者が考案した群落温度を用いて算出する植物ストレス指数（PS-index）は、乾燥や病気によるストレスの検出と強度評価に使用できる。飛行中にPS-indexをリアルタイムで演算し、地上に無線伝送することも可能である。上空を飛行しつつ水ストレス状態を把握して、かんがいスケジュールを最適化したり、地上の自動かん水装置を遠隔的に制御する。あるいは罹病の早期検出や罹病範囲の調査などに活用できる。

図3 小麦圃場（約15ha）の追肥診断期のクロロフィル指標分布と収量・品質

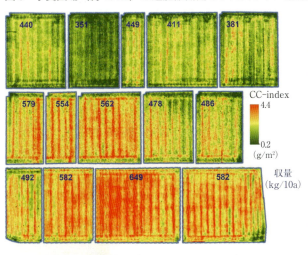

出穂前約10日（4/10）のCC-indexマップ

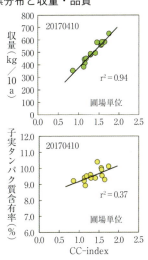

CC-indexと収量・品質の関係

上手に活用するには―ガイドライン

　機動性や高解像度観測はドローンセンシングの大きなメリットである。しかし、スマート農業での活用に耐える信頼性の高い空間情報を作成するためには、以下のような点に十分留意する必要がある。

■目的に応じた適切な観測計画と運用

　対象とする面積や圃場配置、知りたい情報などを考慮して、安全かつ効率的にデータを取得するための観測諸元（飛行高度、経路、速度、センサータイプなど）を設計する。

■良質な分光画像の取得

　画像データの品質に影響する主な因子は①機体因子②センサー因子③環境因子である。

　機体因子としては、振動や移動、姿勢変動、センサーや記録系・制御系に対する電磁波の影響、姿勢の変動などに注意する。

　画質に関わる因子としては、露光時間や感度特性、周辺減光などの問題を考慮する。

　環境因子としては、天候や太陽高度の変化に伴う地表面への日射強度の変動が最も重要である。基本的に補正は必要であるが、誤差を低減する上で、できるだけ日射の安定した条件で運用することが得策である。

■輝度精度を確保する画像データ処理

　バンド別の水平面入射強度（参照光）を同時に記録し、対象物の反射率を導く。参照光計測センサーを地表面計測センサーと共にドローンに搭載する方式と、前者を地上に設置する方法があるが、上向き・下向きデータの同期性と参照光データの精度確保が要件となる。

■幾何精度を確保するためのデータ処理

　ゆがみが少なくグローバルな位置データを持つ画像を生成することは、年次や生育時期の異なる画像データを一貫性のある形で集積する上で重要である。広範囲の合成画像（オルソモザイク画像）の作成はSfM処理によって行うが、位置情報を併用して精度を高める。

■適切な解像度・形式の診断情報マップの作成と提供

　診断情報を作業計画や機械作業に結び付けるためには、デジタルマップを迅速に利用者の手元に届けることが不可欠である。Webサーバーでのデータ集積方法やシステム間のデータ授受、スマートフォンなどの端末での表示、さらには農業機械での利用データ形式の標準化など生産現場でのデータ利用環境はすでに整っている。今後はオリジナルな良質の画像データを取得するワークフローの実践と、年々作成される画像データを基盤データとして集積し人工知能（AI）などによって活用する技術を構築することが重要な課題である。

高度な自動見回りと空中管理作業へ

　ドローンを活用して高度なセンサーの目で圃場を楽に見回り、情報を収集するための技術的・制度的環境はかなり整ってきた。それを踏まえて社会実装と普及を進める段階に来ている。

　また、ドローンは農薬・肥料・種子の散布、資材運搬、受粉、鳥獣害防止などの空中作業にも活用できる。今後、リモートセンシングによる空間情報を活用しつつ、空中管理作業を省力的・省資材的に行うことで、作物生産管理の新たなイノベーションにつながることが期待される。

　なお、本研究の一部は内閣府総合科学技術・イノベーション会議「戦略的イノベーション創造プログラム（SIP）」（農研機構生研支援センター）の支援を受けた。

【参考文献】

1) 井上吉雄、横山正樹（2017年）「ドローンリモートセンシングによる作物・農地診断情報計測とそのスマート農業への応用」日本リモートセンシング学会誌37、p.224
2) 野波健蔵編著（2018年）「ドローン産業応用のすべて」オーム社、p.271
3) 井上吉雄編著（2019年）「―農業と環境調査のための―リモートセンシング・GIS・GPS活用ガイド」森北出版、p.154

Ⅱ部 事例編

食・農クラウド Akisai

富士通㈱　輪島　章司

食・農クラウド Akisai とは

食・農クラウド Akisai は、「豊かな食の未来へ ICT で貢献」をコンセプトに、生産現場での ICT 活用を起点に流通・地域・消費者をバリューチェーン（価値連鎖）で結ぶサービスを展開するものであり、生産・集約・流通・経営といったさまざまなシーンに対しソリューション（解決策）を提供するサービス体系の総称である。

何ができるか

・生産現場のデータを集めて分析・管理
・環境・作業データを集約し、生産性や品質向上、業務の見える化・効率化を支援
・データの利活用により、食・農のバリューチェーンにおける価値創出

富士通は社会が抱える諸問題を ICT によって解決し、人々が豊かで安心かつ快適、便利に暮らせる社会の実現を目指している。その中で食および農業における課題解決に向けて、2008 年から全国 10 カ所ほどの農業生産現場で ICT を活用した実証実験を実践してきた。

その取り組みでまず行ったのが、現場を知ることである。「農家の大規模化によって生産現場はどう変わるのか」「新たな担い手を増やすには何が必要か」「どうすれば収量や品質が向上し収入が上がるのか」「経験や勘に頼らない農業はどうしたら実現できるか」といった疑問の答えを見つけ、「農家がもうかる農業」の実現と日本農業の再生のために、富士通が ICT で貢献できることを見つけるために取り組んできた。その成果に基づいて、12 年から「食・農クラウド Akisai」というブランドで、食・農分野に向けたサービスを提供している。

生産現場から経営・販売までサポート

「食・農クラウド Akisai」は図1のサービス体系の下、以下を特長とするサービスを提供するものである。

・生産現場から経営・販売まで、高度な生産者サポートを実現するサービスを提供
・土地利用型、施設園芸、畜産をトータルにカバーする全体体系
・現場実践に基づいた ICT 活用を支援する「イノベーション支援サービス」の提供

世の中においてスマート農業への取り組みが加速化される中、これまでは前述の特長の下、現場のデータを収集・管理するにとどまっていたが、そのデータを価値に変え活用する動きが加速しており、それに対応する必要性が出てきている。

ここで「データを価値に変える」ということに着目してみる。図2は、データの成長過程を表したものである。農業関連の形式の異

なるシステムをつなぎ、データを「収集」、次に「統合・蓄積」し、分析可能な状態に「変換」、さらに表示・分析など「活用」機能の提供により情報の有効活用を支援する。このように、データを「情報」から「使える知識」にするためには収集したデータを情報化し、さらに知識化し、これまでの経験によって積み重ねられた知恵・見識と同等の価値を目指していく必要があることが分かる。

Akisaiにおいても、これまでは現場でデータを入力し記録として残すことで情報化したり、入力したデータ（作業内容そのもの）をチェックするといったサービスが中心となっていた。しかし図2にあるように、知識化しさらに知恵として、食・農のバリューチェーンで活用できる価値を提供する必要があると

図1　食・農クラウドAkisaiサービス体系

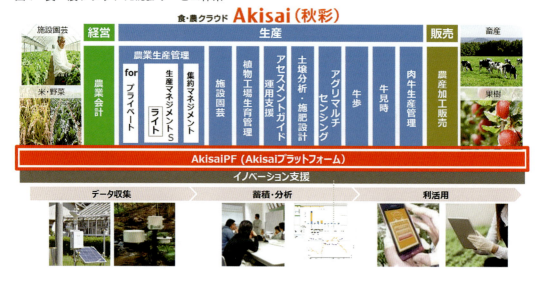

図2　データの成長過程

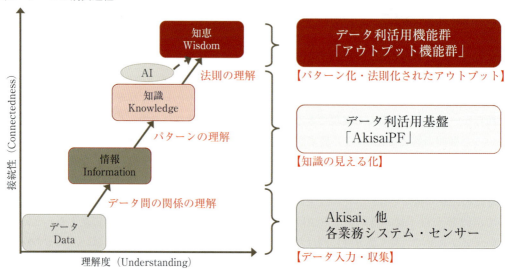

考え、その実現に向け18年よりAkisaiPF（Akisaiプラットフォーム）の提供を開始した。

AkisaiPF（**図3**）は、センサーやアプリケーション、基盤システムなど農業関連の異なるシステムをつなぎデータを「収集」、次に「統合・蓄積」し、分析可能な状態に「変換」、さらに表示・分析など「活用」する機能を提供するものである。今後、AIの活用を含め、各種予測や診断など食・農のバリューチェーンのさまざまなシーンで活用できる価値を提供していく。実際の農業現場においてAkisaiPFを活用し、すでにデータを知識から知恵に成長させ、生産性の向上につなげ始めている。以下にその実践例を2件挙

図3　AkisaiPFイメージ

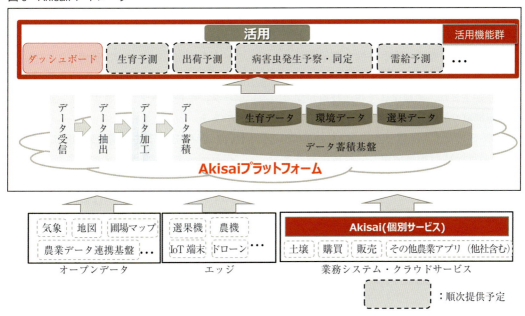

図4　生産部会での実践例

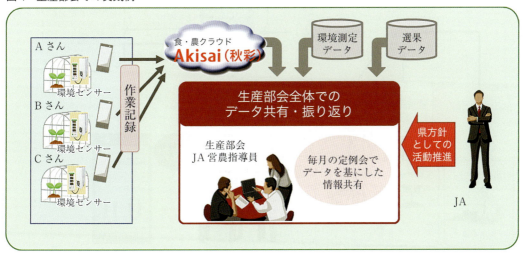

げる。
　一つ目が、生産部会での営農指導・支援におけるデータ利活用実践例である（**図4**）。ここではきゅうり、トマト、いちご、イチジクなどの作物を対象に、産地全体での生産力向上および営農指導力強化を目的として導入している。産地全体でICTツールを導入し、データの収集・振り返りを行うことで、産地としての継続的な技術の向上と、その継承を実現しており、その結果として以下2点の効果を生んでいる。

① データを基にした情報共有で、生産者同士とJA営農指導員が物事を同じ基準で見ることで、認識のずれへの気づきや議論の深まりが生まれ、産地全体で生産技術が向上
② 2年間取り組みを行ったきゅうり部会では単収で10％、秀品質で4％の向上を達成

　二つ目はAI技術を活用し、地域における生産量の予測に取り組んだ実践例である。ここではなす、きゅうり、ピーマンが対象。取り組みの目的は大きく以下の2点である。

① 農作物の生育から出荷までのデータを一元管理し、生産性と品質向上に向けた営農指導を強化
② 農作物の生産量を予測することで安定的な取引を支援し、大口予約相対取引を強化

　図5はその生産予測システムの概要になるが、このシステムは大きく3つの特徴を有している。

【特徴1】データをクラウド上で管理

　生産者、集出荷場などの散在しているデータをクラウド上のデータベースに集約することで、JAグループの販売事業・営農事業でデータを活用しやすい形に整備。ここでいうデータとは、ハウス内の環境データ、気象データ、生育データ、出荷データ、品質データである。

【特徴2】AI技術で生産量を高精度に予測

　出荷データ、気象データ、環境データ、生育記録などの入力値から生産量を予測。なおこの生産予測のAIモデルは個別の生産者ごとに作成する必要があり、予測に必要なデー

図5　AI活用による生産予測の実践例

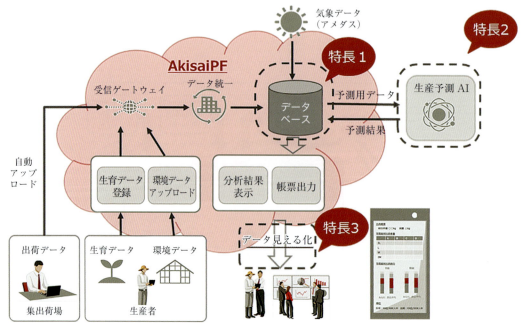

タは生産者から提供いただく必要がある。

【特徴3】生産に関するデータを見える化

　集約したデータはアプリケーションを使いスマートフォンやPCから、生産者、JA営農指導員、経済連など関係者の閲覧が可能。

　これらの特長を有していることから、営農指導のシーンでは農作物の出荷情報の迅速なフィードバックや、生産性や質の向上に向けたきめ細かい営農指導を生産者に対して行うことができる。また、スマートフォンやPCから随時データを確認することができ、改善や作業そのものへのモチベーション向上につながる。販売事業のシーンにおいては、生産予測の精度向上により相対取引の単価アップにつなげることが可能となる。

アナログとデジタルの力を合わせて

　スマート農業という産業構造において農業ICTをはじめ、種苗技術、栽培技術、農業ロボット、水資源プラント、再生可能エネルギーなど、日本の技術力を集結したテクノロジー活用型の農業生産モデルが確立していくと考える。またスマート農業の関連産業を、パッケージ化された型による輸出産業化（Japan Initiativeモデル）も図られていくと見ている。さらにIoT、ビッグデータ、AIに対して農業界での活用に大きな期待がかけられている現状において、農業界全体へのICT普及が大前提ではあるが、"勘と経験"や"匠の技"といった農業界に大きく存在するアナログの力と、情報化といったデジタルの力が合わさることで、さらなる改革・進化が期待できる。

　その成果として、IT創種（ICTを活用した育種）、人と機械の協調型生産、生育シミュレーター、病害虫シミュレーター、農作業のスマート化などが今後ますます重要になるだろう。

Ⅱ部 事例編

営農・サービス支援システム「KSAS」

㈱クボタ　長網 宏尚／執行 宗司

KSASとは

KSAS（Kubota Smart Agri System）とは、㈱クボタが開発した営農・サービス支援システムである。ICT（情報通信技術）・GIS（地理情報システム）の技術を活用し、農家の圃場・作業・収穫などの情報とKSAS対応農機をKSASシステム上でデータ連携し、農業経営を見える化。これらの収集情報と分析情報を農家に提供することで、農業経営の改善を支援する。

何ができるか

・食味収量コンバインを活用した「高収量・良食味米づくり」
・作業情報の記録による「安心安全な農作物づくり（トレーサビリティーの確保）」
・作付け計画の立案と作業マネジメントの容易化による生産性の向上
・KSAS農機のメンテナンス管理の容易化（MY農機：農家が保有機の稼働管理をできる）
・販売ディーラーなどによるKSAS稼働情報を活用した機械ダウンタイムおよびライフサイクルコストの低減サポート

日本農業の現状と課題

今、日本農業は多くの課題を抱えており、大きな転換期を迎えている。例えば、2000年に230万戸あった販売農家が18年には116万戸とほぼ半減している。日本農家の平均年齢は67歳以上と超高齢化しており、今後10年でさらに半減するとの予測もある。

一方で、農業を主業とする担い手農家（プロ農家）や営農集団が増えており、離農農家の農地委託などによりその規模を拡大している。農業政策としても、「規模を拡大し生産の効率化」を促進するため、企業の農業参入の容易化や農地バンク設置などの施策を打ち出しており、23年に担い手が占める農地の割合は現状の56％から80％に達するとしている。また18年からはこれまで長年続いてきた減反政策も廃止され、日本の農家はいよいよ自立を迫られている。

この状況においてクボタは以下の2つを実現するための支援が重要と考えている。
・日本農業がもうかる魅力的なビジネスとして独り立ちすること
・中山間地を含む農村の活性化および農業の多面的な機能の発現・維持

データ活用による精密化

スマート農業に本格的に取り組むに当たり、多くの担い手農家にヒアリングし、現場の実際の課題や悩みの把握を行った。日本の田んぼは1枚当たり平均0.2～0.3haと非常に狭い。そのため例えば40haの稲作農家は200枚以上の田んぼを抱え、それぞれに異なる耕運、田植えから収穫に至る一連の栽培プ

ロセスの管理に追われている。さらに規模拡大で増加した作業者の管理の問題も発生している。その結果、収量や品質が低下し、かけた労力と結果が釣り合わない場合がある。

このような現場の生の意見をベースに議論を重ねた結果、当時既に存在した作業記録を目的としたソフトウエアを改良するのではなく、農機のセンサーで情報を収集し有効活用することでPDCA型の精密農業を行う新しいシステムの開発を行った。

営農・サービス支援システム「KSAS」

クボタが開発した営農・サービス支援システムKSASは、農業機械とICTを利用して作業・作物情報（収量、食味）を収集し活用することで、「もうかるPDCA型農業」を実現する新しいソリューション（解決策）である。

全体構成は**図1**で示す通り直接通信機能を搭載した「KSAS農機」と、通信した位置情報と機械の情報の蓄積と分析を行う「KSASクラウドサーバーシステム」で構成されている。この上でKSASユーザーが利用する営農支援システムと保有機の稼働管理アプリ「MY農機」、さらにクボタ農機販売会社が保守サポートに活用する「機械サービスシステム」が稼働しており、それぞれ次のような価値の提供を狙いとしている。

■ **KSASユーザーが使用**

【営農支援システム】
・高収量・良食味米づくり
・安全・安心な農作物づくり（トレーサビリティー確保）
・農業経営基盤の強化（コストの把握・分析と低減提案）

【MY農機】
KSAS農機の位置情報や稼働情報をユーザー自身で確認できる。

■ **農機販売会社が使用**

【機械サービスシステム】
・迅速で適切なサービスの提供によるダウンタイム低減
・農業機械のライフサイクルコストの把握と低減

次にKSASの概要について説明する。KSASの核となる食味・収量メッシュマップ機能付きコンバインは、グレンタンク内のもみ重量と食味の主要な代用特性であるタンパク質含有率および水分をリアルタイムに計測するセンサー（ロードセルおよび近赤外分光

図1　KSASのデータ連携構成図

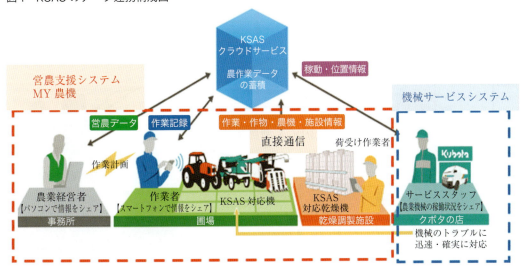

分析センサー）、穀粒流量センサー、GNSSユニットなどを搭載しており、計測データは定期的に直接通信機からコンバインの稼働データと共にクラウドサーバーに送られる（図2）。

担い手は事務所のパソコンからクラウドサーバーに蓄積された作業日誌や圃場内の収量、食味のむらを数m単位の格子（メッシュ）状に把握することができる。そのため、圃場内の特性に合わせた土壌改善や翌年の施肥設計が可能となる。そして圃場ごとに設計した肥料の散布量データを、モバイルを介しKSAS対応の施肥田植え機やトラクタに送信できる。受信したKSAS農機は散布量を自動で調量する機能を持っているため、農業初心者でも簡単に100枚以上の田んぼの施肥を間違いなく行うことができる。さらには施肥の増減をマッピングした計画を基に、圃場内を数m単位のメッシュ状に移植と同時に肥料散布できる田植え機の開発を進めている。

このようにデータ収集とそれを基にした作業計画→栽培・収穫→データ収集…というサイクルを回すことで、収量や食味を上げるとともに施肥量や作業人数・時間を適正化し農業経営を改善し続ける。これがこれまでの日本農業にはなかった「データに基づくPDCA型農業」である（図3）。

新潟県などでの3年

図2　食味・収量メッシュマップ機能付きコンバイン

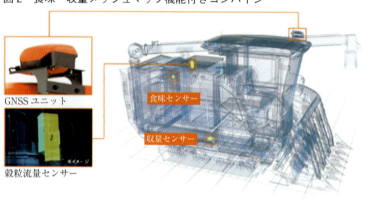

収量センサー　　　：グレンタンクの下部に設置したロードセルで重量を計測
食味センサー　　　：近赤外域の波長ごとの強さを測定することにより、もみの水分およびタンパク含有率を測定
穀粒流量センサー　：もみが当たる衝撃力から刈り取り中の収量を測定
GNSSユニット　　　：リアルタイムに位置情報を計測し、メッシュマップを補完

図3　KSASのPDCAサイクル

間の実証テストでは、食味(タンパク質含有率)の改善・安定化とともに15％の収量増加を確認している。これは40 ha規模で換算すると約30 t以上の増収が期待できることになる。また、食味値による米の仕分けでおいしい米を高い価格で販売することや、水分による乾燥機の仕分けでの品質の安定化と乾燥コストの低減が可能である。

KSASはクボタにとって初のB to C(企業と消費者の取引)製品(システム)であり、ビジネスとしても新たな挑戦が必要であった。そのため、クボタ本体の事業部門に加えて各販売会社のKSAS推進グループ、クボタシステムズなどのシステム開発会社で事業運営組織を構築し、地域ごとのキャラバン活動や教育研修会開催などの普及活動に取り組んできた。

このようなICT、IoT技術を活用したシステムを担い手農家や営農法人に利活用してもらうに当たって、想定以上の時間と労力を要している。ただ前記の地道な活動や継続的な改良により、14年6月のサービス開始から5年間で営農システムでは約2,000件、サービスシステムを含む全軒数では7,000件を超える契約を頂いている。登録圃場面積は7万5,000 ha(平均41 ha)、枚数では34万枚(平均190枚)になり、規模の大きい意欲的な担い手を中心に活用の輪が広がってきている。利用者の声を集約すると「煩雑だった圃場の管理業務が減り楽になった」「実際に収量や品質が向上する」ということであり、KSASとそのサービスが農家にとって不可欠なものに進歩してきている。

PDCA型農業の実現と進化

図4はKSASの進化の方向性を示している。Step 1は稲作機械化一貫体系の中で各農機とのデータ連携によるPDCA型農業を実現することであり、開発完了に向かいつつある。さらにStep 2、3と進化させるべく研究開発を進めている。

【Step 1】機械化一貫体系とのデータ連携による日本型精密農業の実現

①ポストハーベスト機器(乾燥システム：

図4 KSASの進化の方向性

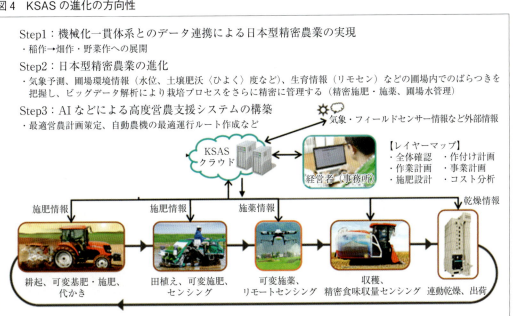

2017年6月に本格販売）、さらに農薬散布用ドローンとのデータ連携を進めている。
②水田稲作から麦・大豆などの畑作や野菜作にも展開中である。

【Step 2】日本型精密農業の進化（**図5**）
①今後も合筆など圃場の基盤整備が進み圃場1枚の面積が拡大すると、圃場1枚の中でのばらつきの管理がますます重要になる。この要求に対応するため、コンバインを使った圃場内の食味・収量のばらつきの把握（発売済）に加え、土壌や生育環境、生育状況をセンシングし、さらに精緻な可変施肥（**図6**）、施薬ができる農業機械システムの開発に取り組んでいる。

図5　KSAS Step 2 の概略

図6　可変施肥

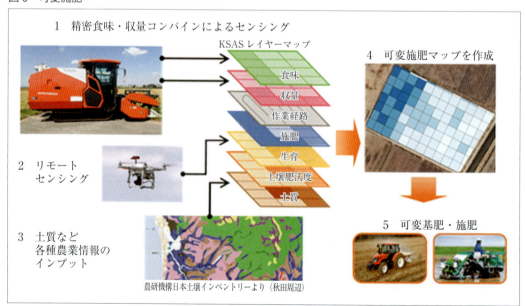

営農・サービス支援システム「KSAS」

図7 Step 3の概略（クボタのスマート農業トータルソリューションの将来構想）

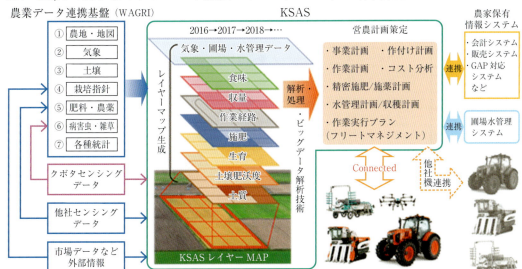

つまり地図情報（GIS）を基に、農機やフィールドサーバーでセンシングした圃場環境情報、ドローンや衛星でのリモートセンシングによる生育情報、水管理情報に、気象や種苗、肥料・農薬など資材情報などの外部データを結び付けレイヤー（階層）マップとして整理し、これらの蓄積されたビッグデータを解析・活用することで可変施肥や施薬を可能とすべく研究を進めている。

②レイヤーマップの情報を基に、品種ごとの生育予測や病害虫発生予測を行いながら、外部環境の変化に合わせて作業計画や水管理計画を修正・活用できるシステムの構築を目指している。

【Step 3】AIなどによる高度営農支援システムの構築（図7）

①Step 2の機能に加えて、会計システムや販売システムなど農家が用いる情報システム、流通網や金融機関など市況情報等外部データ、さらには圃場水管理システムなどと連携し、これらから得られるビッグデータを分析し、AIなどで活用することで、フードバリューチェーンの中で農家の収益が最大となる事業計画や作付け計画の作成を支援できる高度営農シミュレーターに進化させていく予定である。

②いつ、どこで、誰が、どの機械で作業すると効率的か、最適な作業実行プランの作成を支援できるようにしたいと考えている。

オープンイノベーション体制で研究開発

KSASをより多くの農業関係者に使用していただくためには、農地・地図、気象、土壌、生育モデルなど蓄積された官民データの活用が必須である。また、他社農機や他社情報システムとの連携も重要であるが、このようなデータ連携やシステム連携はクボタ単独では進められない。そのため、農業データ共通基盤の整備を目指した農業データ連携基盤（WAGRI、I入門編参照）にも積極的に参画しており、今後は有効活用を図っていきたい。

また、先述のStep 2やStep 3の実現には多くの技術的課題もあり、NTTグループとの連携やSIP（内閣府戦略的イノベーション創造プログラム）、スマート農業加速化実証

図8 クボタが目指す次世代農業のビジョン

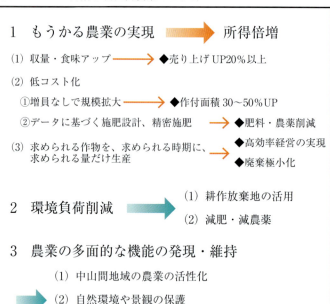

プロジェクトでの官民連携などオープンイノベーション体制で研究開発と普及を進めており、今後はさらに連携の輪を広げていきたい。

◇

今回報告したKSASの狙いは**図8**に示す通りであり、日本農業の課題解決と持続的な発展のため、ICT・IoTを用いて農業の変革を目指すものである。しかし、スマート農業の普及には、産官学が一丸となって壁を乗り越えていく必要がある。例えば、農業者の意識改革やITリテラシー（IT活用能力）の向上が不可欠であり、技術習得の場や教育体制の整備など行政の支援を期待したい。

Ⅱ部 事例編

気象予測データを活用した農業情報システム

農研機構農業環境変動研究センター
中川 博視

気象予測データを活用した農業情報システムとは

気象データの収集、作物に関する知識やデータを加味した気象データの加工と栽培管理に役立つ情報の作成、それらのデータや情報を要約した警報や指導情報の作成を自動的に行い、インターネットを使用して情報配信する総合的な情報システムのこと。一言で言えば農業気象情報システム。一例として、農研機構が中心となって開発した「栽培管理支援システム」がある。

何ができるか

・高温・低温リスク情報などの早期警戒情報がウェブサイトを通じて容易かつ迅速に得られる
・気象予測データと作物発育ステージ予測モデルを利用した発育予測情報は、適時・的確な栽培管理や作業計画の効率化に貢献する
・水稲高温障害・低温障害についての栽培管理支援情報は、追肥診断や水管理に対するアドバイス情報を通じて農業気象災害の軽減に役立つ
・水稲病害予測情報は適時の病害防除や農薬の使用軽減に役立つ

気象情報の農業利用は世界的潮流

気象情報を活用した農業情報システムには、極端気象、気象の年次変動、温暖化などへの対応のための農業気象情報を生産者や普及指導員に届ける情報システムという側面と、ICTを活用した営農情報システムの中で気象情報の活用を強化したものという側面がある。農業気象情報は、行政機関や普及組織などから普及指導員などを経由して生産者に届けられるのが一般的であった。しかしICTの発達によって、生産者が直接情報にアクセスすることや、個別利用者の要望に従った形に情報をカスタマイズして届けることが可能になってきた。

国連食糧農業機関（FAO）でも気候変動対応の一環として、各国の気候変動や極端気象への備えとして、農業気象情報サービスの構築について支援を強化しており、気象情報の農業利用は世界的な潮流である。それは世界各地の農業生産においてさまざまな気象・気候リスクが顕在化していることの証しでもあり、農業気象情報システム・アプリの利用が進みつつある。

営農情報システムに気象情報の利用が求められるようになってきた背景には、ICTの発達によってその利用が容易になってきたことに加え、営農の安定化と効率化に気象情報を活用した生育予測情報や病害の早期警戒情報を利用したいという要望が高まってきていることがある。

農研機構は気象情報を利用した農業情報システムの開発に取り組んできたが、内閣府戦略的イノベーション創造プログラム（SIP）

「次世代農林水産業創造技術」（管理法人：生研支援センター）において、公設農試、大学、企業との共同研究によって実用化可能なシステムとして「栽培管理支援システム」を開発し、2019年3月に公開した（中川・大浦、19年）。ここでは栽培管理支援システムの紹介を中心にして、気象情報を活用した農業情報システムについて概説する。

栽培管理支援システムの概要

一般的な農業気象情報サービスを構築するための技術要素として、気象データの収集、作物に関する知識やデータを加味した気象データの加工と情報の作成、それらのデータや情報を要約した注意報・警報、指導情報の作成、そして伝達手段が挙げられる。

農研機構が中心となって開発した栽培管理支援システムは、それらの要素を含むとともに、自動的にデータ加工・情報生成を行い、情報発信するシステムである。気象データ、作物生育予測モデル、栽培技術の3つを基にして組み立てられており、利用者が作付け情報や作物の観察データを入力すると、さまざまな栽培管理支援情報が得られるウェブサイトベースの情報システムである（**図1**）。

システムのベースとなっている気象データは、農研機構が開発した「メッシュ農業気象データ」（大野ら、16年）である。メッシュ農業気象データは気象庁のデータを空間補間し、基準地域メッシュ単位（約1km×1km）のデータとして日本全国に対して整備したものであり、観測データ、予報データ（最長26日先まで）、平年値を継ぎ目なくつないだ日別値として毎朝更新し、提供している。

作物生育予測モデルは、さまざまな生育プロセスの環境応答を記述するモデルから構成されており、各生育プロセスの環境応答は気象データなどを入力とし、作物や品種固有のパラメータで記述されている。作物生育予測モデルの一部である発育ステージ予測モデルを使用することによって、従来の積算温度より高い予測精度で水稲の出穂期が予測可能となる。また、高温登熟障害が予想されるときには、出穂期前に窒素追肥することによって白未熟粒の発生が軽減されることや、冷害が懸念されるときは逆に窒素追肥を控えた方がよいことなど、気象条件によって機動的に栽培管理を変更することが収量や品質の向上に役立つと知られている。このように気象条件に応じて栽培管理を最適化することを「気象対応型栽培管理」と呼んでおり、気象予測データと組み合わせた情報コンテンツを開発してきた。

多彩な栽培管理支援情報コンテンツ

栽培管理支援システムには、水稲、小麦、大豆を対象としたさまざまな情報コンテンツが搭載されている（**表**）。それらを大きく分けると、気象データを一次加工して作成する早期警戒情報と、より高次に加工した栽培管

図1　栽培管理支援システムの概念図

栽培管理支援システム

気象予測データを活用した農業情報システム

表 栽培管理支援システムに搭載されている情報コンテンツ

情報の種類・作目		利用期間	コンテンツ名
早期警戒情報		栽培中	異常高温・低温日数注意情報（予報）
			異常高温・低温日数注意情報 過去7日間
			フェーン注意情報
栽培管理支援情報	水稲	栽培中	発育予測
			収穫適期診断
			高温登熟障害対策〜追肥診断〜
			冷害リスクと追肥可否判定（寒冷地向け）
			紋枯病発生予測
			稲こうじ病発生予測
			あきだわら栽培管理支援
		作付け計画	移植適期診断
			基肥窒素量の調整判断支援（寒冷地向け）
	小麦	栽培中	発育予測
			子実水分予測
	大豆	栽培中	発育予測
			かん水支援
		作付け計画	作付け計画支援

理に関する生産者の意思決定を支援するための情報（栽培管理支援情報）に大別される。

栽培管理支援情報には冷害リスク情報、高温障害対策情報、病害予測情報のように、障害・病虫害に対する早期警戒情報と、水管理、施肥管理、薬剤散布に関するアドバイスなどの栽培管理支援情報を両方含むものがある。この両者を厳密に区別することは難しいため、広義の意味では、早期警戒情報を含めて栽培管理支援情報と呼んで差し支えない。

狭義の栽培管理支援情報には、水稲、小麦、大豆の発育予測情報、低温・高温障害対策、病害予測などの栽培期間中に使用する情報コンテンツと、水稲の移植適期診断、大豆の作付け計画支援などのように作付け計画時に使用するものがある。

情報コンテンツの中から2つの例を紹介する。**図2**は、水稲発育予測情報の表示画面である。つくばみらい市にある筆者らの実験水田にコシヒカリの稚苗を19年5月1日に移植し、同年7月12日（図中の縦の赤線）に発育ステージを予測した結果を示している。

図2 水稲発育予測情報表示画面

図中下の帯グラフは幼穂形成期、出穂期、成熟期を示しているが、幼穂形成期は気温の観察値に基づく推定値、赤線より右にある出穂期と成熟期は気温予測データを用いた発育ステージの予測値である。

水稲冷害リスクと追肥可否判定（**図3**、濱嵜・三浦、19年）は、現在北海道のみ適用可能な情報コンテンツである。北海道の主要品種「ななつぼし」「ゆめぴりか」「きらら397」「ふっくりんこ」「おぼろづき」「ほしのゆめ」「大地の星」に対応している。移植後の日付に応じた日平均気温の推移グラフ（緑：観測値、赤：予測値、黒の破線：平年値）、冷害危険期、推奨する深水管理の開始時期と発育ステージに応じた適切な水深などの情報が表示される。また、冷害が予想される場合の警戒情報と水管理のアドバイス、予想される低温不稔の程度、追肥可否判定などの参考情報が文章で表示される（濱嵜ら、19年）。

他の情報システムとの連携

栽培管理支援情報は、ウェブサイトベースで情報を発信する栽培管理支援システム（**図4①**）のみならず、企業が開発したさまざまな営農管理システムに、Web-APIサーバーから必要な情報のみを配信する方法（**図4②**）、栽培管理支援情報作成プログラムの利用許諾によって各社の営農管理システムに機能を取り入れてもらう方法（**図4③**）を用意している。②の仕組みでは、一部の情報コンテンツについて農業データ連携基盤

図3　水稲冷害リスク情報表示画面の一部

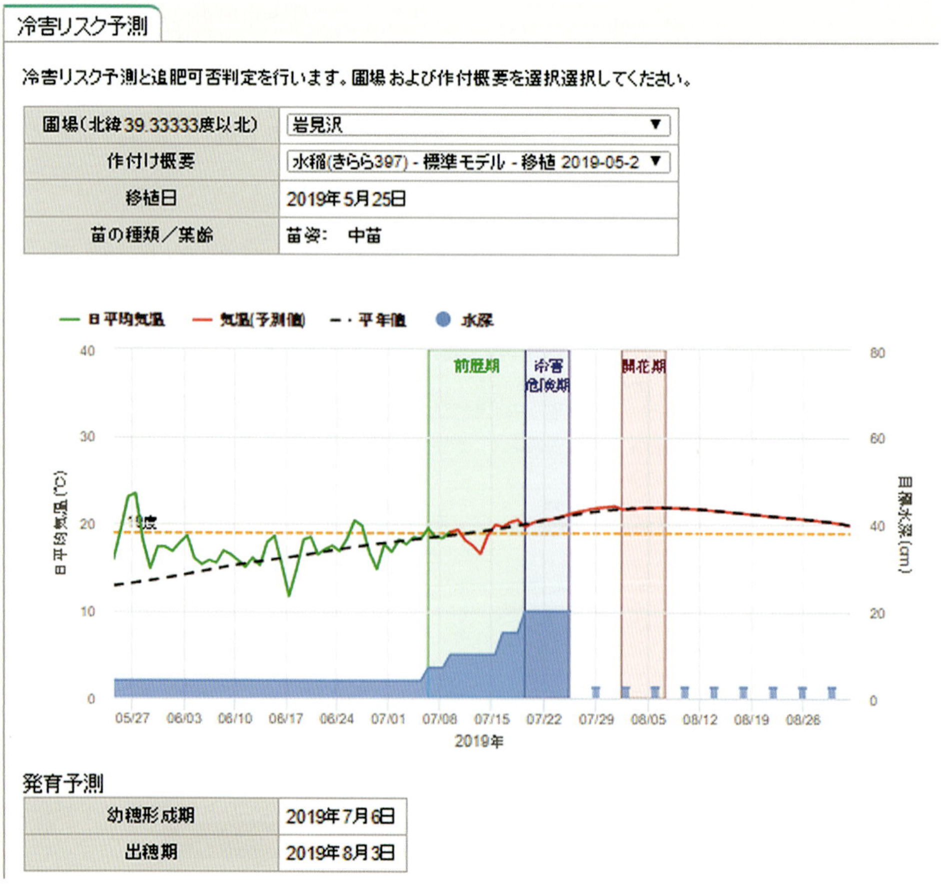

（WAGRI）を経由して利用することも可能である。

将来の課題

栽培管理支援システムは現在、農林水産省の「スマート農業加速化実証プロジェクト」などで実証試験を行っている最中で、今後、情報コンテンツの精度確認や有効性の検証を行った上で、改良と拡充を行う予定である。また、公設農試、行政機関、JA、民間企業などと協議を重ねながら、図4の多様なルートで社会実装を図る必要がある。

技術的な課題としては、生産者からの要望が高い多品種対応と多様な栽培法への対応が第一に挙げられる。システムの情報コンテンツは品種固有のパラメーターを使用している場合が多いため、新品種対応に時間と労力を要するのが普通である。従来法での新品種対応への努力とともに、その新品種対応を効率化する研究も行っている。

このような情報システム利用の重要な利点として、利用者からのフィードバックの得やすさ、異なるシステム間のデータの互換・共有の可能性が挙げられる。残念ながら栽培管理支援システムは、セキュリティーと個人情報管理の難しさから利用者のフィードバック機能を備えていない。また同様の理由で、異なる利用者のデータを共有化して、システムの機能・精度向上に生かす仕組みは持っていない。ただし、利用者の過去データを利用して、当該利用者の発育予測精度を高める、発育予測情報の自動チューニング機能を導入している。このような自動チューニング機能の改善も重要な技術開発上の課題であり、農業データ連携基盤などを通じたデータの共有化が実現できれば、データ駆動型のスマート農業の実現に寄与するものと考えている。

改善すべき問題点は多いが、まずは使っていただきながら利用者の声を基に改良を進め、気象データを利用した栽培管理支援情報が多くの利用者にとってもっと身近な情報として、もっと手軽に活用できるように、関係者一同が努力する所存である。

【参考文献】

1) 濱嵜孝弘・三浦周（2019年）「冷害リスクと追肥可否判定」栽培管理支援システム利用マニュアル Ver.1.0、農研機構農業環境変動研究センター、p.69-71（http://www.naro.affrc.go.jp/publicity_report/publication/files/MAgIS_v1_manual.pdf）
2) 濱嵜孝弘・三浦周・藤倉潤治（2019年）「メッシュ農業気象データを用いた栽培管理支援システムにおける水稲冷害リスクと追肥可否判定情報コンテンツの紹介」北海道の農業気象 71：p.37-43
3) 中川博視・大浦典子（2019年）「気象情報とICTを活用した作物の栽培管理を支援する情報システムを開発—水稲、小麦、大豆を対象に、実証のための運用を開始—」（https://www.naro.affrc.go.jp/project/research_activities/laboratory/niaes/129957.html）
4) 農研機構農業環境変動研究センター（2019年）「栽培管理支援システム Ver.1.0 利用マニュアル」中川博視・大野宏之・岡田周平編著、p.131（http://www.naro.affrc.go.jp/publicity_report/publication/files/MAgIS_v1_manual.pdf）
5) 大野宏之・佐々木華織・大原源二・中園江（2016年）「実況値と数値予報，平年値を組み合わせたメッシュ気温・降水量データの作成」生物と気象 vol.16、p.71-79

図4　栽培管理支援情報の社会実装の3つのルート

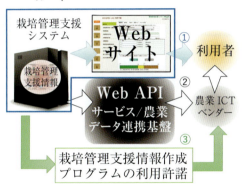

II部 事例編

米生産農業法人向け農業IT管理ツール「豊作計画」

トヨタ自動車㈱ 松下 響

米生産農業法人向け農業IT管理ツールとは

トヨタ自動車㈱が自動車事業で培った生産管理手法や改善ノウハウを、農業分野に応用した農業の生産性向上のためのITツール。農業に生産管理を取り入れることで、農作物生産の原価低減につなげる仕組みが大きな特長である。

何ができるか

・トヨタ生産方式に基づき農業現場を「見える化」し、農業生産を効率良く管理
・圃場ごとの作業計画の立案および作業記録、作業進捗・効率および生産コストなどの解析が可能

大規模化で作業複雑化、ミスも多発

昨今、高齢化による急速な農業者の減少に加え、減反政策の廃止など、これまで農業者を支えてきた補助金が減りつつある。このような背景から、今後組織的に農業に取り組む大規模農業経営体が増加し、この傾向がさらに加速することが予想されている。当社は農業支援を取り組み始めるに当たって、この農業の担い手の変化が引き起こす影響に着目した。農業分野に「トヨタ生産方式」の考えを応用することで農作物を効率的に生産し、経営基盤の強化を実現すると同時に農業生産を担う「人づくり・地域づくり」に貢献することを目指している。

取り組みを始めた当初に訪問した農業経営体は約800の農家から農地の借用や作業受託をしており、水田2,000枚を12人の社員で管理していた。しかし、年々増加する水田によって管理作業が複雑化し、ミス・忘れといった問題が増えていた（図1）。具体例を挙げると、この農業経営体では点在する水田

図1　農業経営体の営農モデルと悩み

の圃場管理・作業管理に白地図を使用していた。だが、その枚数は数百枚にも及び、管理自体に煩わしさを感じていた。経営者は毎朝、作業者に作業が必要な水田の地図のカラーコピーを手渡して指示していたが、作業者が違う水田で作業してしまうという信じられないミスも発生していた（**図2**）。また作業者は、作業した水田の名前と面積を白地図から書き写して作業日報を作成していたが、作成に毎日30分程度かかる上、疲労により書き間違いが多発していた（**図3**）。結果として、その情報を基にデータ入力する事務員にとっても大きな負担になっていた。これらのことから、経営者だけでなく作業者、事務員の誰もがこのやり方に限界を感じていた。加えて、急速な事業規模の拡大に伴う人材確保および人材育成も経営者の悩みの種であった。

そこで当社は、この農業経営体と協力し、トヨタ生産方式の考え方を応用して生産性と品質の向上を図りつつ原価低減を実現し、ひいては経営基盤強化を実現することを目標に農業の生産工程の改善に着手した。

工程を「見える化」、生産管理へ

改善を始めるに当たり、まず農業の生産管理に取り組んだ。生産管理にトヨタ生産方式を活用するには、まず工程の「見える化」、すなわち農作業を工程に分解し、その順序を決めた上で各作業の基準となる日数を設定することが必要である（**図4**）。後に示すIT管理ツールでは、品種ごとに作成した工程（作付け計画パターン）を圃場にひも付けることで、計画を自動的に作成することができる。その計画により圃場単位で日々の作業の進捗

図2　使用していた白地図

図3　手書き日報

図4　工程の見える化

管理、すなわち異常を把握すること（異常管理）が可能になる。

日々、作業計画を立て、結果を記録し、さまざまな切り口で振り返り、課題を見つけて改善する、すなわちPDCA（Plan〈計画〉→ Do〈実行〉→ Check〈評価〉→ Act〈改善〉）を繰り返し、継続的な改善を続けるために、当社はIT管理ツールと「現場改善」を組み合わせた農業支援の仕組みの構築およびその有用性実証を始めた。

IT管理ツール「豊作計画」の概要

前述の「農業の生産管理」のためのIT管理ツールが「豊作計画」である。このIT管理ツールを活用することで、圃場ごとに作業計画を立て、実施した作業を記録できる。その記録を計画に照らし、作業の遅れ・進みや効率、コストなどを解析できる。それらの結果を振り返ることで、課題を見つけることができる。

単に作業を記録するだけではなく、農業の現場に生産管理を取り入れ、PDCAを繰り返し原価低減につなげられる仕組みが大きな特長である。

以下に豊作計画を用いた生産管理について、順を追って説明する。

■作業計画（P）

経営者（管理者）のPC画面で①作付け計画パターンを作成し、あらかじめ登録した水田情報とひも付ける（本操作により、作業計画が自動で作成される）②水田を選択し、作業を作業者に振り当てる（**図5**、本操作により、各作業者のスマートフォンに作業指示が自動配信される）。

■作業記録（D）

作業者は①スマートフォン画面で作業指示を確認（**図6**）②地図画面で現在の位置（青丸）が作業圃場（ピン）であることを確認し、作業開始を押して作業着手（管理者はPC画面で品目、作業ごとの遅れ進みをリア

図5 作業計画（作業者への作業振り当て）

↓ホーム画面で進捗管理し作業者へ指示

図6 作業指示の確認と作業開始

ルタイムで把握することができる）③作業終了後、使用した機材および資材を入力して、「作業終了」を押す（本操作により、作業日報が自動作成される）。

■作業振り返り（C、A）

終業後にPC画面で日報を一覧表示することで、当日作業の振り返りを行うことができ（**図7**）、計画に対して作業進捗の遅れ・進みについて確認し、翌日以降の計画を見直すことができる。

また、蓄積したデータを見える化し、作業量（工数）やコスト分析などさまざまな切り口で解析を行うことができ、継続的な改善に

図 7　日報の一覧表示

	A	B	C	D	E	F	G	H	I	J	K	L	M	N
1	作業計画実績													
2	収穫年	品目	品種	作付パターン名	計画日	振当日	日報No	作業者	主担当	作業内容	作業者数	作業ステータス	作業開始日時	作業終了日時
3		水稲			2019/04/10	2019/04/10	219521	ヤマギシ農産_作業者	ヤマギシ農産_作業者	発送準備	1	作業終了	2019/04/10 20:52	2019/04/10 20:55
4		水稲			2019/04/15	2019/04/15	219578	ヤマギシ農産_作業者	ヤマギシ農産_作業者	発送準備	1	作業終了	2019/04/15 10:45	2019/04/15 10:48
5	2019	水稲	あきたこまち	あきたココ待ち	2019/04/11	2019/04/15	219579	ヤマギシ農産_作業者,	ヤマギシ農産_作業者	粗起	2	作業終了	2019/04/15 10:51	2019/04/15 10:55
6	2019	水稲	あきたこまち	あきたココ待ち	2019/04/11	2019/04/15	219580	ヤマギシ農産_作業者,	ヤマギシ農産_作業者	粗起	2	作業終了	2019/04/15 10:55	2019/04/15 10:58
7	2019	水稲	あきたこまち	あきたココ待ち	2019/04/11	2019/04/15	219593	ヤマギシ農産_作業者,	ヤマギシ農産_作業者	粗起	2	作業終了	2019/04/16 09:28	2019/04/16 09:28
8	2019	水稲	あきたこまち	あきたココ待ち	2019/04/11	2019/04/15	219594	ヤマギシ農産_作業者,	ヤマギシ農産_作業者	粗起	2	作業終了	2019/04/16 09:28	2019/04/16 09:28
9	2019	水稲	あきたこまち	あきたこまち	2019/04/10	2019/04/16	219598	ヤマギシ農産_作業者	ヤマギシ農産_作業者	粗起	1	作業終了	2019/04/16 09:58	2019/04/16 10:09
10	2019	水稲	コシヒカリ	コシヒカリ	2019/04/09	2019/04/09	219506	ヤマギシ農産_作業者	ヤマギシ農産_作業者	粗起	1	作業終了	2019/04/09 16:22	2019/04/09 16:25
11	2019	水稲	ミルキークイーン	ミルキークィーン	2019/04/10	2019/04/10	219518	ヤマギシ農産_作業者,	ヤマギシ農産_作業者	粗起	2	作業終了	2019/04/10 19:05	2019/04/10 20:44
12	2019	水稲	ミルキークイーン	ミルキークィーン	2019/04/10	2019/04/10	219520	ヤマギシ農産_作業者,	ヤマギシ農産_作業者	粗起	2	作業終了	2019/04/10 20:48	2019/04/10 20:51
13	2019	水稲	ミルキークイーン	ミルキークィーン	2019/04/12	2019/04/11	219550	ヤマギシ農産_作業者,	ヤマギシ農産_作業者	堆肥散布	2	作業終了	2019/04/11 13:18	2019/04/11 15:37
14	2019	水稲	ミルキークイーン	ミルキークィーン	2019/04/12	2019/04/11	219554	ヤマギシ農産_作業者,	ヤマギシ農産_作業者	堆肥散布	2	作業終了	2019/04/11 15:37	2019/04/11 15:37

有効活用することができる。

「現場改善」で原価低減、人材育成へ

農業現場に生産管理を取り入れ PDCA を繰り返して原価低減を図るためには、さまざまな改善活動を農業経営体自身で進められるようにすることが必要である。このような改善の繰り返しを通じて、人材も育成できると考えている。

そのための取り組みが「現場改善」である。農業経営体に当社の改善スタッフが訪問させていただき、さまざまな改善活動を農業経営体自身で進められるように支援させていただいている。以下に「現場改善」のツールの一つであるボードの活用について紹介する。

図 8 は、作業者ごとに必要な作業を「見える化」した計画ボードである。このボードを活用することで、朝礼時など、全員が集まる場で作業計画を情報共有して現場へ向かうことができる。また作業終了後、その日の結果を全員で共有し、話し合うことで翌日の改善へつなげることができる。

図 8　作業計画ボード

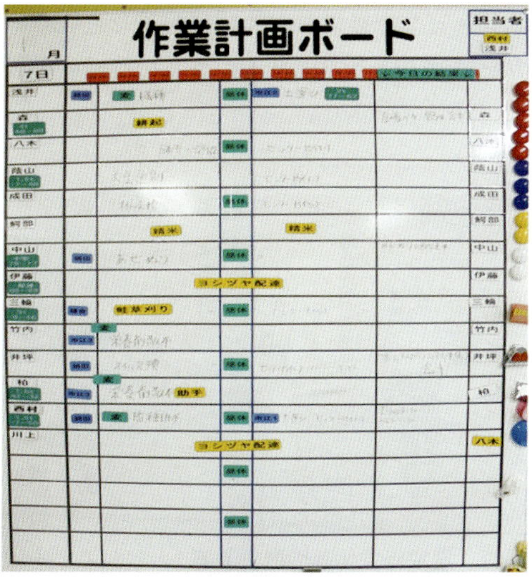

実際に計画ボードを導入した農業経営体では、それまで経営者の頭の中にしかなかった年間や月間の計画を「見える化」することで、作業者が前後工程を把握し、段取りを自分で考えることができるようになった。また、課題を共有し、改善策を話し合うことで作業者からの発言や提案も増え、当事者意識が向上し、「人材育成に役立った」との声を頂いている。

改善事例

IT 管理ツール「豊作計画」と「現場改善」の組み合わせにより、大きな成果を挙げた事例を紹介する。

■育苗のムダ削減

ある稲作経営体の育苗計画は毎年、前年の大まかな実績にその年の請け負い増加分をプラスして育苗数量を決めていた。また、田植えの時期が長期にわたるにも関わらず、決まった作業日にまとめて育苗を始めていた。結果として、必要以上に多くの苗を育て過ぎたり、苗移植時に苗が成長し過ぎて廃棄したりすることも多かった。

こういった状況の下、この経営体は「豊作計画」を用いることでトヨタ生産方式の「ジャストインタイム」、すなわち「必要なものを」「必要な時に」「必要なだけ」という考えを導入した。作付け計画のデータに基づいた苗の必要数とタイミングを正確に把握。さらに

「現場改善」により苗の生産を小ロット化し、移植作業に合わせた小刻みな生産に変更した。これらによりムダを排除することで、苗の廃棄率22％を2％に削減。大幅な苗生産コストの低減につなげることができた（図9）。

■乾燥機の効率的運用

同じくある稲作経営体では生もみを乾燥する際、乾燥機周辺に一度に処理し切れない大量の生もみフレコン袋が並ぶのが常態化していた。その結果、取り違えなど作業ミスが発生し、長時間残業にもつながっていた。

この経営体は「現場改善」により乾燥機管理用のボードを作成。乾燥機の使用状況ともみの投入先を「見える化」し、「豊作計画」を併用することで「ジャストインタイム」の考え方を導入した。これにより作業者が乾燥機の空き状況を共有・確認できるとともに、乾燥機の稼働に合わせた適切な刈り取り指示を出すことが可能になった。

その結果、1人当たりの年間総労働時間を1,750時間から800時間へ約50％削減。ミス低減により、業務品質の向上にもつながった。このような取り組みにより、残業が減少し、さらには交代で休暇が取得できるなど、農業の働き方変革にもつながっている（図10）。

今後の展開

農業分野へのさらなる貢献を目指して、IT管理ツール「豊作計画」の大幅な機能拡充に向けた取り組みを進めている。例を挙げると従来機能である米を中心とした生産管理に加え、野菜の生産管理への対応や原価管理、収益予測などの経営管理機能の充実、また農地や気象などのビッグデータ活用による栽培管理や作業計画策定をアシストする機能の追加である。

また、「豊作計画」と「現場改善」を組み合わせた農業支援の他に、農業における改善活動の普及と定着を図るため、地方自治体やJAなど地域の農業を支える組織と連携し、普及員・指導員の皆さんとともに農業経営体への改善教育の取り組みも実施している（写真）。その中で、トヨタ生産方式に関する基礎的な説明や農業での実践事例の紹介も行っている。

今後さらに多くの農業関係者の皆さんに対しサービスを提供し、地域に根差した取り組みを続けることで、日本の農業の持続的発展に貢献していきたい。

図9　事例：育苗のムダ削減

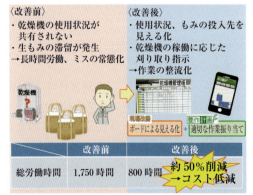

図10　事例：乾燥工程の効率的運用

写真　農業経営体への改善教育

Ⅱ部 事例編

農協向け農業 IT 管理ツール「GeoMation 農業支援アプリケーション」

㈱日立ソリューションズ　西口　修

農協向け農業 IT 管理ツールとは

農協に期待される主要な役割として営農指導業務があり、生産者と相互理解を深めるには具体的なデータに基づき議論を進めることが重要である。農協向け農業 IT 管理ツール「GeoMation（ジオメーション）農業支援アプリケーション」は GIS（地理情報システム）技術を活用して圃場 1 筆ごとの情報を管理・可視化する機能を提供することで、データの活用を通じた営農指導業務を支援している。道内の農協で幅広く活用されている。

何ができるか

- 圃場情報の管理：さまざまな地図操作機能を通じて、作付け情報や耕作者情報の管理を支援する。輪作体系の維持を支援する機能も提供している。個人別圃場図を印刷することも可能である
- 施肥設計オプション：土壌、作物、肥料などの情報を統合的に分析し、最適な施肥設計を支援する
- 衛星画像解析オプション：衛星画像と組み合わせて、小麦の適期刈り取りを支援する。収穫後の乾燥コスト削減に寄与する

2004 年から提供、道内でも普及

㈱日立ソリューションズでは 2004 年から GIS を農業向けに適用した「GeoMation 農業支援アプリケーション」[1] の提供を始め、現在までに全国の 50 以上の農業協同組合や農業共済組合、自治体などで採用されている。

複数の機能群で構成される GeoMation 農業支援アプリケーションの中核となる機能は、GIS を活用した圃場管理システムである。圃場管理システムは農地の 1 筆ごとの図形を作図し、圃場に関連したさまざまな情報、例えば耕作者、面積、作付け作物、収量、土壌分析結果、作業実績などをデータベースで管理し、GIS の技術を使って情報を分かりやすく可視化することにより情報活用をサポートする仕組みを提供している。

具体的な機能としては、以下のようなものがある。

- 作図、分筆、合筆の図形操作
- 圃場の情報の違いにより圃場を色分けして表現
- 圃場の情報を圃場図に重ねてラベル表示
- 条件指定による圃場表示
- 年度ごとの情報を重ねて表示
- 衛星画像、背景地図との重ね合わせ
- 個人別圃場図印刷

これらの機能を使って圃場に関するさまざまな情報を地図と関連付けてきめ細かく管理することで、台帳だけでは見えなかった個々の圃場情報の関連性を視覚的に表現し、統合的な情報活用と営農業務の効率化を支援している。それにより、年度ごとや圃場ごとの作付け情報の管理や、耕作地の面積把握による

地域の輪作体系の維持や生産者の作付け計画を支援するといった、主に農協の営農指導員が使用する情報管理ツールとして利用していただいている（**図1**）。

また、圃場情報の管理に加え、正確に維持管理された圃場の形状や作付け作物の情報を有効活用してもらうため、オプションとして圃場ごとの土壌分析結果に基づいた最適な肥料の種類や量をアドバイスする施肥設計機能や、収穫前に撮影した衛星画像から小麦圃場だけを切り出して圃場ごとの生育の違いを把握し、小麦の収穫順番決めの意思決定を支援することで収穫後の乾燥コストの削減に寄与する機能なども提供している。

GeoMation農業支援アプリケーションは特に北海道での利用が多い。道内の牧草地を含めた耕地面積の4割以上はGeoMation農業支援アプリケーションを使って管理されている。

活用例：畑作輪作体系の維持管理

畑作地帯では連作障害を防ぐために輪作体系を定める地域が多い。圃場管理システムには、同じ作物を連続して作付けすると、作物ごとに色分けされた圃場の色が濃くなる機能がある。作付け計画を登録した段階で、色の濃さだけでどの圃場が輪作体系に合っていないかを識別でき、輪作体系の維持管理に役立つ。

大判の紙に印刷された圃場図を手作業で作物ごとに違う色で塗りつぶし、色塗りされた作付け実績図を複数年分テーブルの上に並べて輪作体系の確認を行っている農協にとっては、圃場管理システムの導入により輪作体系の維持管理作業の負荷を大幅に軽減できる。

また、圃場ごとの作付け作物を輪作体系にのっとって単純にローテーションすると、個々の圃場の面積が違うため、農協管内全体

図1 「GeoMation農業支援アプリケーション」で表示した圃場図

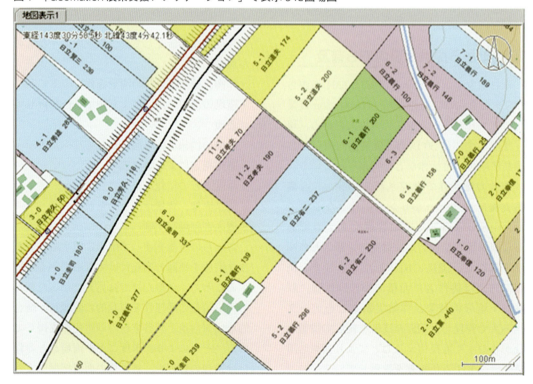

で見た場合に作物ごとの総作付面積が年ごとに大幅に変動する可能性がある。そうなると、多くの農協で所有している収穫物の乾燥施設や保管施設の処理能力が不足したり余ったりすることにつながる。そのため生産者の作付け計画の登録が終わった段階で作物ごとの総作付面積を確認し、計画値に対して過不足があると、生産者と調整して作付け計画を変更してもらうことになるが、その際もデータが既に登録されているので、作物の変更や圃場を分筆・合筆する作業もスムーズに行える。

農協でのデータ維持の管理方法

畑作では毎年のように作付け作物や圃場の形状が変わる。GeoMation農業支援アプリケーションを導入している多くの農協では主に生産者が紙に手書きした圃場の形状や作物情報を回収し、農協職員が手入力でデータ更新を行っている。

システムに記録される情報は正確でないと意味がない。農協職員によるデータ更新のメリットは、システムの操作に不慣れな生産者が圃場の区切りや作付け情報を直接変更するより、操作に慣れた職員がまとめて情報更新することで生産者負担を軽減できる上、情報も正しく維持できる。農協によっては念を入れて、作付け後、直近に撮影された衛星画像を購入し、登録した圃場情報と合っているかを確認する所もある。

農協職員が情報更新を行うメリットは他にもある。圃場ごとの播種日や肥料の投入記録、あるいは収量や品質を記録することで、農協が地域全体の数多くの圃場情報を横串で眺めることができる。このため個々の生産者が市販の農業日誌ソフトなどを使って記録し、自分だけの圃場情報から得られる気付きよりも、地区ごとや圃場ごとの生育の違いに気付きやすくなる。例えば、生育の違いを土壌タイプや土壌分析結果、投入肥料の量、投入タイミングなどと見比べて、生育に影響する要因を推測。データに基づく的確なアドバイスにより、栽培法に自信を持つベテラン生産者でも気付かなかった改善点を見つけられる可能性があり、生産者も納得できる指導につなげることができる。

生産者による農業地図利用の現状

インターネット地図サービスやスマートフォン、タブレットの普及により、2011年ごろから農業分野でもこれらを活用したサービスが徐々に市場に投入され始めている。自分の農地の場所をインターネット上の地図に重ねて表示し、情報内容によって圃場を色分けするなど視覚的に情報を把握できる農業クラウドサービスなどである。

散在する圃場の作業を請け負い、営農規模を拡大している農家や農業法人が増えている。だが農地の数が増えるにつれて、作業する圃場の場所がよく分からず、他人の圃場で作業したり作業漏れが発生したりするミスも起こりやすい。インターネット地図を活用すると、それらのミスをなくすことができ、土地勘のない新規採用者でもスマホのGPS位置情報を活用し、間違いなく目的の農地に到着することができる。さらに圃場ごとの作業実績をその場で登録できるので、作業漏れの防止などメリットは大きい。

ただし、農業現場では現状の農業クラウドサービスに対しても不満を抱えている。2年ほど前、当社で独自に農業ICTの活用に関する調査を行った結果、ほとんどの農業法人が無料あるいは有料の農業クラウドサービスを利用していたが、一方で多くの課題も確認できた。例えば以下のような課題である。

・データの初期登録が大変で、利用の入り口でつまずいている
・操作方法に関して周囲に聞ける人がいない。高機能なツールを使いこなせず、単純な機能しか使えていない

・データを記録しても利用効果がいつ出るか分からないので長続きしない。また、自分の記録だけではデータ数が少なく、傾向を見つけられない
・記録の正確さを維持するのが大変

　これらの課題から、少なからずの生産者が途中でシステムの利用をあきらめていることが確認できた。

WAGRIの活用実証を通して

　同じ頃、内閣府が推し進める戦略的イノベーション創造プログラム（SIP）[2]の中で農業データ連携基盤（通称：WAGRI[3]、入門編Ⅰ参照）の研究プロジェクトが始まり、当社も研究チームの一員として参画した。

　WAGRIの目的はデータを活用した農業の実践を促進するため、国や自治体が所有している圃場の筆ポリゴン（農地の区画情報）や地番などのオープンデータをワンストップで他システムに提供するとともに、これまで生産者へばらばらにサービスを提供していた農業ICTベンダー（企業）や農機メーカー間の連携を促すためのプラットフォームを提供することにある。

　当社ではWAGRI活用の実証として、これまでの農協における農業GISビジネスの経験から、「県の普及指導員と生産者」の関係に着目してWAGRI活用の実証に取り組んだ。具体的には、県が新たに認定したパン用小麦に含まれるタンパク質含有量を安定させる栽培方法の確立に向け、県の普及指導員と生産者が共同で取り組んでいる栽培研究会で、WAGRIとGeoMationを組み合わせた仕組みを活用してもらい効果を検証する実証である。具体的に提供した機能は、以下のようなものである。

・圃場ごとの播種日や追肥量などをスマホから登録できる機能
・1kmメッシュの天気予報の表示
・生育予測システムが推定した圃場ごとの茎立ち期、出穂期、成熟期の参照
・普及指導員による生育調査結果に基づいた推奨追肥量の登録

　スマホの画面例を図2に示す。左側は1時間ごとの天気予報を表示したもの、右側は普及指導員が計測した葉色によって圃場を3段階に色分けした様子を示している。生産者は現場でこの画面を確認できるので、例えば追肥作業の前に画面上で追肥量を確認し、圃場ごとの追肥を正しく行えるようになった。

　この実証システムを活用した結果、以下のような効果が見込めることが分かった。

・WAGRIが提供する筆ポリゴンを活用することにより、従来課題であった初期登録時の圃場データ作成の手間が省略できる
・複数の生産者や普及指導員が同じ仕組みを利用することで、操作に関する壁を低くできる。生産者がデータを登録すれば普及指導員から的確なアドバイスを期待できるようになることで、データ登録の動機付けができる
・全てのデータが圃場に関連付けてGIS上で一元管理されるため、普及指導員がデータの関係性を把握しやすくなる。データに基づく圃場特性に合った的確なアドバイスができ、普及指導員のサービス向上につながる。そこで提供される栽培指導はデータに基づくため、今後新たに栽培に参加する生産者に対しても栽培法を的確に伝達できるようになる
・データを共有しているので、普及指導員がデータの記入ミスに気付くことが可能となり、正確なデータの記録につながる

　これらは、いずれも前述の農業ICTが抱える課題を解決する手段として期待される。

今後の農協の役割とシステム活用

　WAGRIの実証で検証したことは、農協の営農指導員と生産者との関係にも当てはまる。農協の役割とは、地域が定める一定品質

図2 WAGRI実証で提供した画面例

1時間ごとの天気予報

小麦の葉色マップ

の作物を栽培するためのアドバイスを、具体的なデータに基づいて提供し地域貢献することにある。そのためには、アドバイスに必要なデータを生産者に提供してもらうとともに、地域の気象情報といった生育に影響を与える外部要因や、個人では活用が難しい衛星画像のような広域で作物の生育を定量的に把握できる仕組みを組み合わせる必要がある。

さらに圃場図の維持管理を生産者に代わって行うことで、生産者個別の取り組みを超えた情報活用の提供が可能となる。GISに蓄積された情報を多角的に分析し、分析結果を生産者にデータとして提供することで、生産者がデータを見て判断する習慣にもつながる。

単なるデータの記録では長続きしない。長年にわたるデータの蓄積を待たなくても、毎年の生産者の栽培データを幅広く集め、気象情報と衛星画像を組み合わせて横串に比較するだけで改善の観点が見えてくる。生産者は

データを登録すれば営農指導員から的確な情報提供というフィードバックが返ってくるため、データ登録のインセンティブ(動機付け)になる。この取り組みを継続することで、より多くの情報が蓄積され、データに基づく栽培ノウハウの精度が向上する。「新規就農者でも農業ICTからアドバイスが返ってくる」時代が訪れる。そういう時代ができるだけ早く到来するよう、引き続き貢献していきたい。

【参考文献】
1) GeoMation農業支援アプリケーション(https://www.hitachi-solutions.co.jp/geomation/sp/farm/)
2) 内閣府戦略的イノベーション創造プログラム (https://www8.cao.go.jp/cstp/gaiyo/sip/index.html)
3) 農業データ連携基盤協議会(https://wagri.net/)

Ⅱ部　事例編

圃場整地均平作業機
（レーザーレベラー・GPSレベラー※）

(一財)北海道農業近代化技術研究センター　南部 雄二

圃場整地均平作業機とは

　圃場整地均平作業とは、圃場の均平度を維持するための作業で、水田圃場ではたん水深を一定に保つなど水稲の栽培管理において重要である。整地均平作業の専用機械（レベラー）の整地板（均平板）を一定の高さに制御し、圃場の高位部（切り土部）で削った土を低位部（盛り土部）に運び、圃場を均平化する。整地板作業高の制御方式にはレーザー光とRTK-GNSSがある。

※農水省では「GNSSレベラー」と表記しているが、ここでは商品名として一般化している「GPSレベラー」と表記する。

何ができるか

- 圃場を均平化することで、水田圃場では用排水管理の効率化・均一化を図り、生育むらを解消する
- 転作圃場では、傾斜均平（傾斜化整地）により、表面排水を促進する
- RTK-GNSS制御のレベラーシステムによってレーザー光方式の非効率性、不具合を改善できる
- RTK-GNSSと専用ソフトウエアにより、圃場均平測量の省力化、均平度評価・地図化の即時処理を実現できる
- ノートPCモニターで作業の進捗をリアルタイムで確認し、均平作業の見える化により高効率化を実現できる

大区画化水田に求められる均平度

　北海道の水田地帯では、農業生産性の向上、作物生産量の増大、農業生産の選択的拡大、営農条件の改善などを図ることを目的に、土地改良事業（農業農村整備事業）によって、農業用水、農地、農業用用排水施設などの農業生産基盤が整備されている。特に区画整理による圃場の大区画化と農地の集積・集約は作業効率の向上を図り、生産性の高い土地利用型農業を確立する上で重要である。

　水田圃場の大区画化は、圃場の長辺長を長くして機械作業の効率化を促進するもので、これまでの0.3～0.5ha程度の区画を標準区画1～3ha程度に拡大する事例が多く、6ha程度までの大区画化により省力化を実現している整備事例もある。

　大区画化した水田圃場では、用排水管理の効率化と均一化を図り、生育むらや農薬などの効果むらを少なくし栽培管理を容易にするために、圃場をできる限り均平にする必要がある。また、代かき作業をしない水稲直播栽培でも高い均平度が求められる。施工時の均平精度は±35mm程度であるのに対し、水稲栽培時は±25mm以内80%以上の均平精度が必要とされる（**表1、2**）。

　圃場の均平作業は、区画整理の施工時と営農時のものに分けられる。近年、区画整理施工時の作業は、レーザー装置付きブルドーザーの利用によって施工直後の均平精度が確

表1 施工時の均平度の指標

基準	指標値・規格値
計画基準	仕上がりの均平精度の目標 ±35 mm
施工管理基準	均平精度＜35 mm（全測定箇所±100 mm 以内）

※計画基準：農林水産省農村振興局監修・土地改良事業計画設計基準　計画　圃場整備（水田）
※施工管理基準：道農政部・北海道農業土木工事施工管理基準

表2 水稲栽培時の均平度の指標

栽培様式	標準偏差	均平精度
たん水直播栽培	15 mm 以内	±25 mm 以内 90%
乾田直播栽培	20 mm 以内	±25 mm 以内 80%
移植栽培	18 mm 以内	±25 mm 以内 85%

※日本土壌協会・大区画水田における先進的稲作技術導入の手引きより
※ここでの乾田直播は、出芽、苗立ちし、初期生育後に入水する場合

写真1　GPSレベラーによる均平作業

保され、工事面での区画規模の制約はなくなってきている。一方、圃場の均平度を維持していくには、営農時における均平作業が重要であり、経営規模の拡大に伴い作業面積も拡大するため、作業の省力化・高精度化が必要となっている。

また、転作圃場では降雨後に圃場内のくぼ地に発生する停滞水による湿害を軽減するため、くぼ地の修正と地表排水を促進するための緩勾配（0.1％程度）を設定する傾斜均平（傾斜化整地）作業が実施される場合があり、最適な勾配設定による傾斜均平作業を効率的に実施する必要がある。

高効率化を実現する GPS レベラー

■レーザーレベラーの課題

営農時の均平作業には、レーザー光により均平作業機を制御する「レーザーレベラー」が使用されている。発光器から照射されたレーザー光を基準にして、整地板（均平板）を一定の高さに制御し、圃場の高位部（切り土部）で削った土を低位部（盛り土部）に運び、圃場を均平化する。

そのためレーザーレベラーの作業では、作業実施前に圃場の均平状況、傾斜状況、くぼ地の状況を把握し、均平度を評価、地図（圃場高低マップ）化するため、10～20 m 程度のメッシュで水準測量（圃場均平測量）を実施する必要がある。

しかし、圃場均平測量とデータ処理は面倒であるため、通常の営農では均平作業前に実施されることは少ない。そのため均平作業時に圃場内を走行しながら基準となる高さを調整することになり、必要な均平度を達成するには多くの時間を要することになる。また、均平作業は他の人も同時期に実施するため、近隣の別作業圃場に設置された発光器のレーザー光を受光し誤作動が生じることもある。

このように従来のレーザー光方式では、圃場均平測量の負担、受光器の誤作動など効率的な均平作業の実施には限界があり、省力化のためには改善の必要性があった。これらのレーザー光方式の非効率性と不具合を改善し、圃場均平測量、均平度の評価と地図化の効率化、均平作業の進捗の見える化による作業の効率化により、整地均平作業の高効率化を実現したのが「GPSレベラー」（**写真1**）である。GPSレベラーによる整地均平作業は、RTK-GNSSとICT技術を活用して測量・設計を行い、オペレーターへのガイダンスと作業機械を自動制御する情報化施工の農作業版である。

図1　レベラーシステムのイメージ

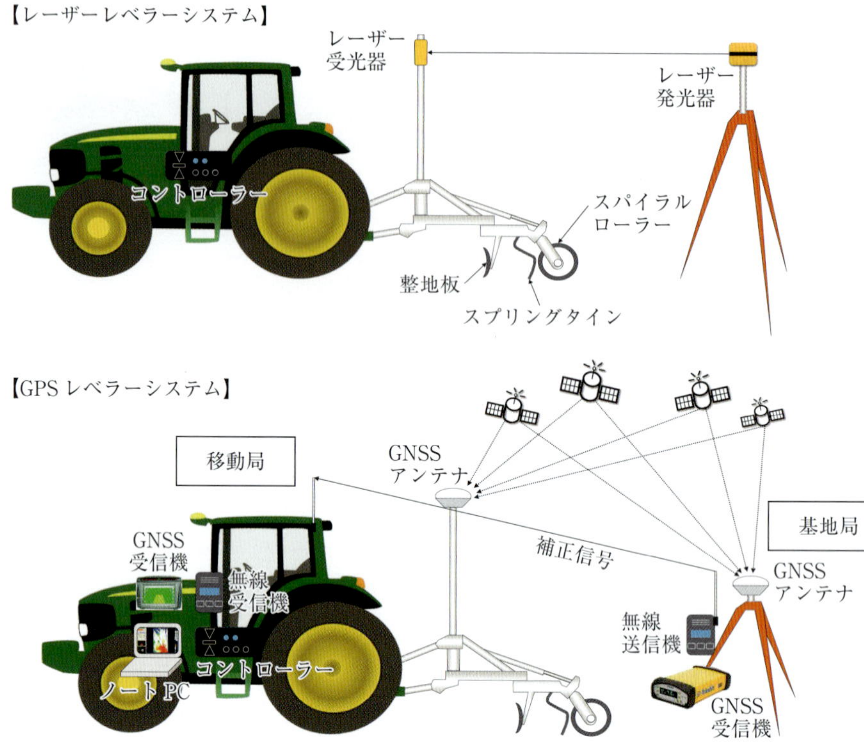

【レーザーレベラーシステム】

【GPSレベラーシステム】

■ 作業時間やマップ作成の労力を削減

　レーザーレベラーとGPSレベラーのシステムイメージを図1に示す。両者共、運土用の整地板（均平板）、表土の砕土・膨軟化を図るスプリングタイン、砕土・鎮圧を図るスパイラルローラで構成され、作業機械そのものは同一であるが、均平作業時の整地板作業高を制御する仕組みが異なる。

　レーザー光方式では、作業する圃場の周囲にレーザー発光器を設置し、レベラーマスト部にレーザー受光器を設置して、コントローラーを介して作業高さを制御する。一方、GPSレベラーの作業高さは、レベラーマスト部に設置するGNSSアンテナとトラクタキャビン内に設置するGNSS受信機の測位データを基に、専用ソフトウエアで処理した信号でコントローラーを介して制御する。

　次に圃場均平作業前後の圃場測量の容易さなどについて、レベラーの制御方式がレーザー光方式かRTK-GNSSかで比較する（表3）。RTK-GNSSの場合には、周辺圃場に設置されたレーザー発光器からのレーザー光による干渉の心配がなく、発光器からの距離の制約も解消される。また、RTK-GNSSと専用ソフトウエアを利用することで、圃場高低マップ作成のための均平測量の労力は大きく

表3　レベラーの制御方式による作業条件などの比較

比較項目	制御方式	
	レーザー光	RTK-GNSS
作業前後圃場測量 （高低差・区画）	測量 →図面作成	計測後即時処理 （地図化）
運土計画表	測量 →図表作成	計測後即時処理 （作表）
作業範囲	半径300m	基地局から半径 5km※
夜間作業	△	○ 作業位置モニター表示、警報音で圃場外周接近を把握可能
レーザーの干渉障害	あり	なし

※ VRS方式の場合は補正信号受信エリアであれば制約なし

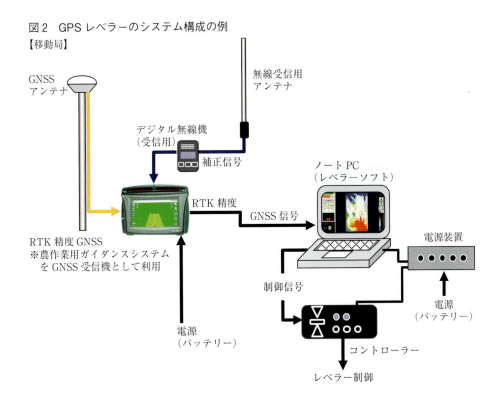

図2 GPSレベラーのシステム構成の例

軽減される。さらに計測データは即時処理され、マップ化、運土量計算、切り盛り表（切り深さ、盛り土高を表示）の作成が可能である。圃場の均平作業中には、ノートPCモニターの圃場高低マップ上に作業位置が表示され、現在の作業位置が高位部なのか、低位部なのか、設定高さになったのかを確認できる。また作業箇所の重複が回避でき、レーザー制御に比べて作業時間が削減される。

GPSレベラーの特徴

■システム構成

GPSレベラーのシステム構成を**図2**に示す。ここではRTK-GNSSの補正信号を送信するための基地局を設置した場合とし、圃場均平作業を実施するトラクタを移動局とする。移動局側はGNSS受信機（この例では農作業用ガイダンスシステムを受信機として利用）とアンテナ、GPSレベラーソフトウエアがインストールされたノートPC、補正信号を受信する無線機、レベラーの上下動を制御するためのコントローラー、電源装置で構成される。

■RTK-GNSSによる測量の効率化

均平作業の実施前に圃場の凸凹を把握するには、これまでは水準測量によることが一般的であった。レーザーレベルとデジタルスタッフを用いた計測時間は、圃場面積1ha当たり2人で45分程度とされている。さらに計測後はパソコンにデータを入力して圃場内の平均標高、高低差を計算する必要があり、高低差のマップ化、切り盛り土量の算出にはさらに時間を要することになる。

一方、RTK-GNSSを利用したGPSレベラーのシステムによる圃場均平測量は、圃場面積1.9haの水田圃場の車両（フルクローラトラクタ使用）による計測結果を例にすると、所要時間は圃場外周計測が5分、均平測量（計測ライン間隔は約10m）が23分であった。この時の走行軌跡を**図3**、圃場平均標高との高低差を表す圃場高低マップを**図4**に示す。

図3　計測圃場区画とデータ記録地点の表示

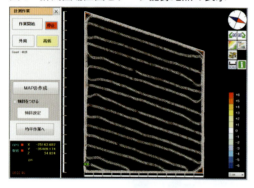

このように、圃場面積約2haの均平測量を30分程度で終え、圃場高低マップ、平均標高との高低差から計算される切り盛り表（切り深さ、盛り土高を表示）が作成でき、均平作業の運土量（切り盛り土量）も計算される。マップ化の利点は高位部と低位部を具体的に把握し、運土作業位置・方向と作業量を事前にイメージすることで、均平作業時の無駄な動きを省き、効率的な作業が実現されることであり、特に大区画圃場ではその効果は大きい。

■傾斜均平化のシミュレーション

　GPSレベラーのソフトウエアでは、圃場均平測量後に長辺と短辺の2方向で任意の勾配による緩傾斜を設定した場合の高低マップを作成できる。傾斜均平作業時の運土量を算出できるため、複数のパターンでシミュレーションすることで対象圃場に適した勾配を確認でき、設定勾配でのレベラー制御が可能である。転作圃場や畑地で、地表排水を促進するための緩傾斜を確保する際に有効な機能である。

■安全性の考慮

　夜間作業時に安全性を確保するため、圃場外周に接近した場合に警告音を鳴らす設定が可能である。警報を鳴らす条件として、圃場外周からの距離、警告音の鳴動時間（秒数）を設定する。圃場外の逸脱、畦畔への乗り上げ抑制に有効な機能である。

均平作業の方法と事例

■リアルタイムで進捗を確認

　GPSレベラーでの均平作業では、まず

図4　圃場高低マップの表示例

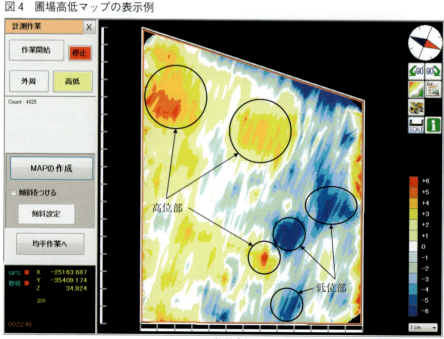

（1目盛りは10m）

圃場整地均平作業機（レーザーレベラー・GPSレベラー）

ノートPCモニター上の圃場高低マップとトラクタ位置の表示（**図5**）を見ながら、平均標高地点（マップの白い地点）まで移動し、レベラーの整地板を下降させ、基準高さ（仕上げ高）を設定する。

仕上げモードは「荒」「中」「最終」の3段階となっており、「最終」モードに向けて整地板の上下動の幅が小さくなるので、「荒→中→最終」の順で、マップの高位部から低位部に向かい走行しながら、低位部へと運土し均平作業を進める。基準高さ（仕上げ高）に達するとマップ上では白く塗りつぶされていくので、作業の進捗がリアルタイムで確認でき作業効率が向上する。

■傾斜化で圃場の凹地を解消

また、**図6**はたまねぎ畑の凹地解消のため

図5 計測結果と均平作業進捗の表示画面

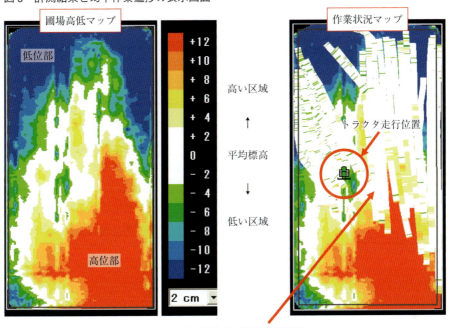

※白い部分は、均平作業終了エリア。
画面で作業位置、作業状況の確認がリアルタイムで可能

図6 傾斜均平作業前後の高低マップ
【作業前　高低マップ】　　【作業後　高低マップ】

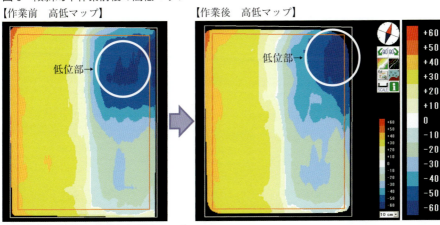

※圃場高低計測後に作成した高低マップ

に、傾斜均平作業を実施した時の圃場高低マップである。

作業前の圃場内の凹地が傾斜均平作業により圃場端部に移動したのが分かる。大雨後のたまねぎ畑の湿害は最小限に収まり、耕作者の評価は良好であった。

農作業用ガイダンスデータの活用

農作業用のGNSSガイダンスシステムをRTK-GNSS精度で利用している場合には、ガイダンスシステムで取得された3次元データを活用し、レーザーレベラーでの整地均平作業の効率化を支援することができる。

ガイダンスシステムではGNSSによる3次元データで、座標データ（x、y）と標高データ（z）が作業履歴データとして記録されている。3次元データはシリアルケーブル、Bluetooth（ブルートゥース）を介してリアルタイムで外部出力もでき、データロガーでの記録、タブレット端末でのデータ表示が可能である。

ガイダンスシステムに保存された履歴データを、ビューアーソフトを用いて標高マップとして表示可能な機種がある。また履歴データや外部出力データからGIS（地理情報システム）ソフトで圃場高低マップを作成できる。このようにマップ化により高位部、低位部を均平作業前に確認することで、作業方向、作業量などが事前にイメージでき効率化につながる。また、リアルタイムデータから走行軌跡と高低の色分け図をタブレット端末に表示可能なアプリも販売されている。均平作業前の高低差を把握し、作業の進捗に合わせた仕上がり状況を確認することができるので、さらに省力化が期待される。

なお、均平作業ではGNSSの標高データの測位精度が重要である。そのためGPS（アメリカ）、GLONASS（ロシア）の捕捉と補正信号の取得は必須である。さらにQZSS（日本）、Galileo（EU）、BeiDou（中国）といった複数の測位衛星の情報を活用し、測位精度の劣化抑制と安定化が望まれる。

Ⅱ部 事例編

直進キープ機能付き田植機

㈱クボタ　吉田 和正

直進キープ機能付き田植機とは

　全地球測位衛星システム（GNSS）を活用した田植え機。ハンドルから手を離した状態でも正確に直進できる機能を付けることで、農作業に不慣れな未熟練者でも自動で直進走行できる。スリップしやすい水田圃場での田植え作業は熟練者でも真っすぐ進むのは難しいため、均等に苗を植えやすくなり、疲労やストレスを大幅に軽減できる。農家の減少や高齢化の進展で熟練者の確保が難しくなる中、農作業の省力化を狙う。

何ができるか

・高い精度が求められる田植え作業において、未熟練者でも簡単に真っすぐ田植えができる
・熟練者にとっても直進操舵（そうだ）のストレスから解放され、作業負担が軽減する
・「安心サポート機能」により、あぜへ接近すると手前でブザーが鳴り、さらに近づくとエンジンが停止し、あぜへの衝突を防止する。また、圃場外では直進キープ機能が入らない設定になっており、誤使用を防止する

開発コンセプト

　田植え作業は凹凸が多くスリップしやすい水田圃場を、前行程で植え付けた苗列に沿って常に高精度かつ真っすぐに走行しながら植え付ける必要があり、稲作基幹作業の中でも特に高い熟練度と精度が求められる。この作業精度が悪い場合には苗間の風通しが悪くなったり、肥料量がばらついたりするため、生育への影響が生じる。管理・収穫作業時の作業効率にも影響する。そのため、田植え機の直進走行は熟練者にとっても常に集中を要する負担の大きい作業である。

　近年、海外を中心にGNSSを活用した農業機械の自動制御技術の開発と導入が進んでいる。未熟練者でも簡単に高精度な作業ができるだけでなく、熟練者にとっても作業の負担軽減が可能なことから、農家の抱える問題に対する解決策の一つになり得る技術である。しかし、導入費用や操作の煩雑さなどの問題もあり、日本での普及は限定的であった。

　そこで経験が浅い農外からの人材、仕上がりが不安で運転をためらっていた女性や若い従事者でも短期間の指導で熟練者並みの作業を実現でき、熟練者にとってもハンドル操作への集中が少なくなることで疲労やストレスの大幅な軽減につながり、さらに雨で田面が濁ったり、風が強く波が立ったり、これまでは運転に気を使って中止を余儀なくされるような場面でも計画的な作業が可能となる「誰でも・簡単に・楽に田植えができる機械」をコンセプトに技術開発を行い、「直進キープ機能付き田植機」を発売した。本稿では、この製品における開発技術について紹介する。

開発機の概要

開発した直進キープ機能付き田植機の構成は**写真1**の通りである。GNSS測位ユニットと慣性センサー（IMU）を搭載し、機体の位置や姿勢を検出することができる。さらに、モーターと減速装置を組み合わせた操舵機構により、ハンドルをモーターで駆動させることができる。これらのセンサーや操舵機構によって、あらかじめ設定した方向に自動で直進走行する機能である。

開発目標

■簡単で使いやすい操作方法

既存の自動操舵装置は画面を見ながら複雑な設定項目（走行パターンや作業機の幅など）を入力する操作が必要であり、初めて使用する作業者や決まった時期のみ作業をする田植え作業者には操作の習得が困難である。そこで、短時間の指導のみで操作を習得でき、誰でも簡単に使える操作方法の開発を目標とした。

■高精度測位とリーズナブルな価格の両立

田植え作業では通常、条間（苗列の間隔）を30 cm（または33 cm）で作業する。この作業条件で苗列同士の重なりが発生しないよう、設定した目標走行ラインからの誤差が±10 cm以下となる作業精度が必須である。一方で、国内農家に広く受け入れられる製品とするためには、従来機から10％以下の販売価格アップで製品化する必要があった。高い測位精度とリーズナブルな販売価格を両立するため、安価なセンサーの組み合わせによる独自の測位精度向上技術の開発を目標とした。

■水田圃場に適した直進制御技術の開発

水田圃場においては、泥による滑りや、耕盤の凹凸に車輪がはまり込むことによる操舵特性の変化など、特有の現象が発生する。そこで、水田圃場においても安定して目標とする作業精度を実現するため、これらの現象を考慮した田植え機向けの新たな直進制御技術の開発を目標とした。

■安心して作業できる機能の搭載

開発機能は未熟練オペレーターによる使用を想定しており、ヒューマンエラーの発生頻度が高いことが懸念される。そこで、考えられるオペレーターの不注意や誤操作への対策機能を搭載することで、誰でも安心して作業できる製品とすることを目標とした。

開発内容

■簡単操作

一般的な田植え作業では、田植え機を水田の長辺方向に直進走行させて苗を植え付ける。水田の端に到達すると180°旋回し、次は前行程で植えた苗列の隣に平行に苗を植え

写真1　開発機のハードウエア構成

付けながら逆方向に直進走行する。この作業を繰り返して全面に苗を植え付けていく。すなわち、田植え作業の大部分は決まった方向への直進走行であるといえる。

そこで、設定した方向への直進走行に特化したシンプルな操作方法を考案した。操作部は図1に示す通り、従来機にスイッチを3つ追加しただけのシンプルな構成とした。開発機能の使用手順を図2に示す。オペレーターは、最初の行程で2つのスイッチ（基準登録スイッチ〈始点A〉、基準登録スイッチ〈終点B〉）を押して、直進自動操舵の規範となる直線（基準線）を登録する。登録後は180°旋回した後、植え付け走行しながら自動操舵の「入／切」を切り替えるスイッチ（GSスイッチ）を操作するだけで、登録した直進基準線に平行に自動操舵機能を使用することができる。オペレーターの行うべき操作を絞り込んだことにより、誰にでも簡単に使える操作方法を実現した。

■ **高精度測位**
①位置情報の高精度化

田植え作業のように高い測位精度が要求される作業にGNSSを利用する場合、表1の高精度なRTK-GNSS（Real Time Kinematic-GNSS）を利用することが一般的である。しかし、RTK-GNSSは高価であり、トラクタなどに比べ年間稼働率の低い田植え機への搭載は困難であった。そのため、本開発では安価で中精度な測位方式であるD-GNSS（Differential GNSS）を採用した。しかしD-GNSSの絶対測位精度は約60cmであり、精度目標±10cmを満たすことができない。しかし、相対的な位置変化という観点では、数分程度の短時間であれば安定した測位が可能である。一方で、田植え作業1行程に要する時間はおおむね数分以内であるため、D-GNSSでも工夫により高精度な測位を実現できると考えた。

開発した測位手法の考え方を図3に示す。制御開始地点を基準位置とし、走行中の相対的な位置変化に基づいて目標走行ラインから

図1　操作部の構成

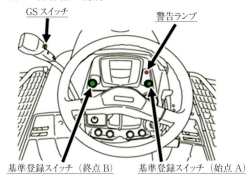

図2　開発機能の使用手順

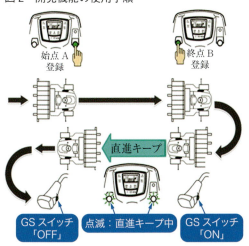

表1　測位方式と精度

測位方式	特徴	測位精度
単独GNSS	基本的な衛星測位	10m前後
D-GNSS	静止衛星からの補正情報を利用した相対測位方式	0.5～2m
RTK-GNSS	地上基地局からの補正情報を利用した相対測位方式	2～3cm

図3　相対的位置偏差

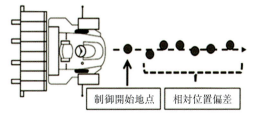

の偏差を推定する信号処理アルゴリズムである。この手法により、各行程での植え始めから植え終わりまでの間、高精度な位置情報を利用した制御が可能となった。

②方位角情報の高精度化

高精度な方位角情報を得るため、安価型の慣性センサーである MEMS（Micro Electro Mechanical Systems）、IMU（Inertial Measurement Units）を採用した。IMUは短期的には高精度な方位角演算が可能だが、時間とともに誤差が増大していくという特徴がある。一方、D-GNSSでも2点の位置情報から方位角を演算できるが、位置情報の誤差による影響を大きく受けるという特徴がある。それぞれの信号が異なる誤差特性を持つことに着目し、センサーフュージョン処理による高精度化を図った。

方位角を補正するフィルターの構成を**図4**に示す。それぞれのセンサーから得られた方位角にカルマンフィルターを適用することで精度向上を図っている。カルマンフィルターとは、誤差特性の異なる複数信号から真値を推定する状態推定アルゴリズムである。本構成は一般に相補フィルターと呼ばれ、誤差成分をカルマンフィルターで予測し、この誤差予測値を元の信号から差し引く手法である。この手法によりIMUの時間経過による誤差をキャンセルし、高精度な方位角演算が可能となった（**図5**）。

■水田圃場に適した直進制御技術

①操舵制御アルゴリズム

基準線との位置偏差を最小とするように操舵制御した場合、苗を植え付けた軌跡（植え跡）はジグザグ状になってしまう。この手法では位置偏差の総和を最小にできるが、熟練オペレーターが手動操舵で植え付けた場合に比べて美観が悪いという印象を持たれやすい。そこで、熟練オペレーターのハンドル操作を分析し、人間の操舵操作に近い滑らかな制御とする方法を志向することにした。具体的には、「目標方位からの方位偏差最小（目標方位に向かって真っすぐ走る）」および「目標軌跡からの位置偏差最小」という2種類の制御目標を設定し、それらを合成することで操舵出力を決定するという制御アルゴリズムを構成した（**図6**）。

②水田圃場における制御安定性

水田圃場は土質や深さなど条件のばらつきが非常に大きい。そのため、田植え機が操舵に機敏に反応して機体の向きを変える圃場もあれば、前輪がスリップして操舵通りに素早

図4　フィルター構成

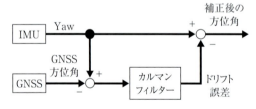

図5　センサーフュージョンによる精度向上

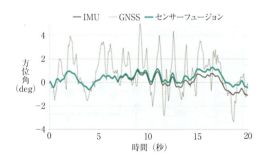

図6　操舵制御ブロック

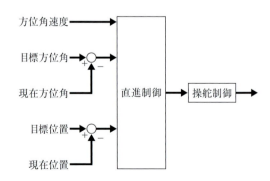

く反応しない圃場もある。このため、目標との偏差量のみによって操舵角度を決定するという一般的な操舵制御の手法では、精度の良い走行制御を行うことは困難である。そこで、目標との偏差量に加え車両の状況に応じて操舵角度を決定する操舵制御アルゴリズムを考案し、方位および位置情報に基づいて車両が所望の挙動となるような制御系を構成した。これにより、例えば滑りやすい圃場では自動的に大きな操舵角となるように制御されるなど、幅広い条件下で安定した性能を発揮するロバスト性（頑強性）の高い制御を実現した。

■ 安心サポート機能

① あぜへの接近防止

自動操舵機能の使用中は操舵操作に集中する必要がなくなるため、オペレーターは後ろを振り返って植え付け跡を確認できる。また、苗や肥料、薬剤の減り具合などにも意識を向けながら作業を行うことができる。一方で、自ら操舵操作を行う場合と比べて前方への注意力が低下するため、あぜへの接近に気が付かずに乗り上げてしまう可能性がある。

そこで図7の通り、位置情報を利用してあぜへの接近を検知し、衝突や乗り上げを防止する機能を搭載した。これは前行程で植え付け作業を開始した地点を仮想的なあぜ位置として登録し、自動操舵中にあぜへの接近が検出されるとブザーによってオペレーターに警報し、あぜの直前まで到達するとエンジンを自動停止する。これにより、周囲に意識を向けながらでも安心して作業できる。

② 水田外での誤使用防止

農道での高速走行中やトラックへの積み下ろし作業中などに誤って自動操舵機能が有効になった場合、思わぬ方向への操舵によりオペレーターに不安を与える可能性がある。そこで、水田内での植え付け作業時のみ自動操舵できるようにした。

図8の通り、田植え機の植え付け部には、フロートと呼ばれる部品が装備されている。植え付け作業時には植え付け部を下降位置にセットし、このフロートを接地させることで、泥面をならしながら作業を行う。一方で、水田の外を走行するときには、フロートが地面と接触しないよう植え付け部は上昇位置にある。そこで、フロートの接地状態を監視することで植え付け作業中であるかどうかを判断できると考え、フロートの接地を検出するセンサーを利用し、接地状態の時にのみ自動操舵機能を有効にできるようにした。

市場評価

全国各地で開発機の性能試験を実施し、直進キープ機能の評価を行った。各地における植え付け跡を図9に示す。圃場条件の異なる幅広い地域で、目標とする±10cm以下の直

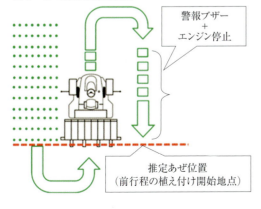

図7　あぜ接近防止機能

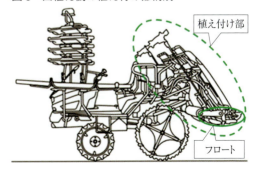

図8　田植え機の植え付け部構成

図9 性能試験結果（作業跡写真）

試験地	石垣	鹿児島	千葉	福島	北海道
直進精度	～7cm	～9cm	～9cm	～6cm	～9cm
美観	○	○	○	○	○
写真					

写真2　開発機（EP8D-GS）

表2　ユーザーアンケート項目

No.	アンケート項目
①	操作は簡単でしたか？
②	真っすぐ植え付けできましたか？
③	安心して作業できましたか？
④	購入したい機械ですか？

図10　ユーザーアンケート結果（回答数）

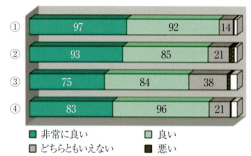

写真3　新型田植え機 NAVIWEL

進精度を達成できることを確認できた。

　さらに、発売前に全国各地の農業者に直進キープ機能付き田植機を使用してもらい、評価を行った。アンケートの結果を**表2**および**図10**に示す。開発目標の「操作の簡単さ」「作業精度」「安心作業」について、それぞれ93％、87％、80％のユーザーから「評価する」との回答を得た。また、従来機＋10％という販売価格について「購入する価値があるかどうか」意見を収集した結果、90％のユーザーが「購入する価値がある」と回答した。これらのアンケート結果から開発機が国内農家のニーズに合った製品であることが確認で

きた。

◇

　人材不足が深刻化する日本農業の課題解決のため、業界初となる田植え機向け直進自動操舵機能である「直進キープ機能」の開発に取り組んだ。独自の測位、制御技術開発により、低価格ながらオペレーターの熟練度に左右されない高精度田植え作業を実現できた。さらに、シンプルな操作インタフェースや安心サポート機能を織り込むことで誰にでも使いやすい製品に仕上げた（**写真2**）。さらに、2018年9月からはGNSSを活用した追加機能として、株間キープ機能、施肥量キープ機能、条間アシスト機能などを搭載し、さらに使いやすく効率的になった新型機（**写真3**）を販売している。今後も革新的な機能を継続的に開発し、日本農業の持続的な発展に貢献していきたい。

Ⅱ部 事例編

自動運転田植え機

農研機構農業技術革新工学研究センター　山田 祐一

自動運転田植え機とは

高精度 GNSS と IMU（慣性計測装置）の情報を基にした自動運転機能を備えた田植え機。作業者が搭乗しない無人走行に対応しており、苗補給者が安全監視者を兼ねることで1人1台運用が可能。小型のペンダントリモコンを使い、圃場端からでも作業速度の変更や停止操作ができる。

何ができるか

・1人1台運用による人員削減ができる
・誰でも熟練者と同等以上の速度と精度で作業できる
・パソコンなどによる事前設定が不要で、圃場に持って行けばすぐに使用できる

田植えロボットの課題

　高齢化などに伴って農業経営体の数が減少し、営農規模の拡大が進んでいる。営農規模が一定以上になると家族だけでは作業に対応し切れなくなり、雇用労働力の確保が必要となる。しかし、熟練者を農繁期だけに雇用することはできず、作業のピークに合わせた労働力確保が難しいのが現状である。

　こうした背景からロボット農機が注目されている。無人走行可能なロボット農機であればオペレーターが不要なため、少ない人員で運用可能となる。さらに非熟練者でも作業可能となることから、人員確保が容易になる利点もある。ロボットトラクタについては、既に複数社から市販化されている。

　農研機構はトラクタだけでなく田植え機のロボット化にも取り組んできた。2000年代に農研機構が開発した田植えロボットは、1人で複数台を運用する方式を目指したものである。田植え機のロボット化においては苗補給の方法が大きな問題となるが、田植えロボットは、ロングマット水耕苗と呼ばれる、1枚で通常のマット苗10枚分にもなる長大なマット苗を使用する方式を採用していた。このロングマット水耕苗をロール状に巻いて苗載台に搭載することで、30ａ圃場の無補給での田植え作業を実現していた。しかし実用化に当たっては、育苗体系から変更することが要求され、これが課題となっていた。

　そこで農研機構は新たに自動運転田植え機を開発したので、その概要を紹介する。

完全自動よりも実用化に近く

■関連技術と比べた4つの特徴

　自動運転田植え機は、市販の直進アシスト田植え機よりも自動化度合いを高めつつ、完全自動を目指した田植えロボットよりも実用化に近い技術をコンセプトに開発した。

　自動運転田植え機を関連技術と比較すると、大きく分けて4つの特徴がある（**図1**）。

　1つ目は、ロボット農機で必要とされる監

視者が苗補給者を兼任することで、1人1台運用としたことである。慣行の田植え作業は運転者と苗補給者の2人以上での作業が基本であるため、必要な人員を半減できる。

2つ目は、苗補給者がいるため、田植えロボットのような特殊な苗が必要ないことである。このため育苗体系から変更する必要がなく導入のハードルが低い。

3つ目は、高速かつ高精度の直進制御と旋回制御を実現したことである。直進と旋回の速度および精度は熟練者と同等以上である。当然、誰が作業しても同じ結果が得られ、疲労による速度や精度の低下も生じない。

そして4つ目は、事前の経路設計が不要なことである。パソコンなどで事前に作業計画を立てる必要がなく、圃場に持っていけばすぐに使用できる。

■作業手順

自動運転田植え機は、初めに圃場の外周を手動運転で植え、後は苗補給さえ行えば、ほとんどの作業が完了する。苗補給者は圃場に隣接した農道などで田植え機の監視をしつつ苗の準備と補給をするだけでよい。図2はその作業手順である。

①まず、手動運転で圃場の外周3辺を植える。これにより、田植え機が圃場形状を認識して自動的に走行経路を生成する。

②次に苗を補給して、リモコンで自動運転開始を指示すると田植え機が無人で一往復の作業を行い、あぜの3m手前で停止する。

③そこからあぜ際までは、監視者がリモコンを操作して前進させる。圃場端の形状は必ずしも直線ではなく、障害物なども存在するため目視で安全な位置まで前進させることができる。なお、操舵は自動で行われる。

④再び苗を補給してリモコンで自動運転開始を指示すると、同様に一往復の作業が行われ、これを繰り返すことで田植え作業を進める。この時、必要に応じて自動的に条止め行程や空走行が挿入される。

⑤往復作業が終わると、手動行程の内側に生じる周り行程を自動運転で作業する。

⑥最後に手動運転で苗補給側の一辺を植えて作業が完了する。

システム構成

自動運転田植え機は、市販の8条植え田植え機をベースに開発した。このクラスの田植え機はかなり電子化が進んでおり、今回採用した機種は作業機の昇降、植え付けクラッチ

図1　関連技術との比較

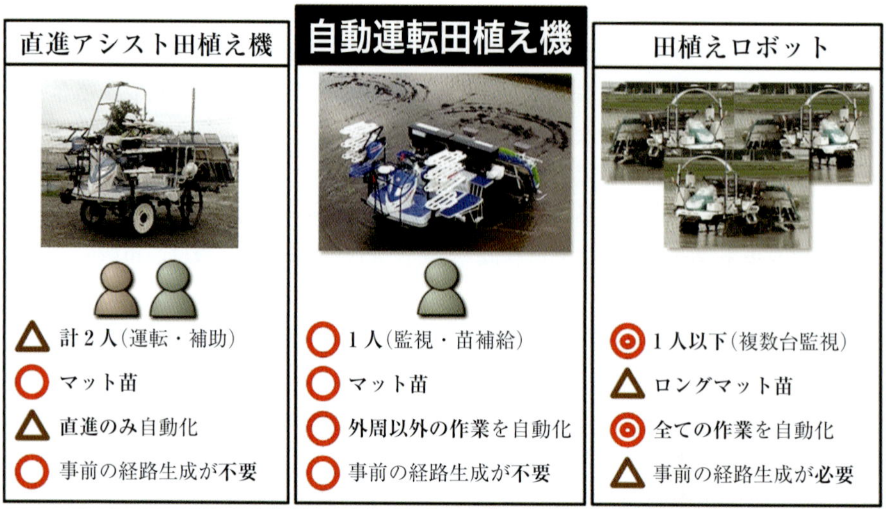

直進アシスト田植え機	自動運転田植え機	田植えロボット
△ 計2人（運転・補助）	○ 1人（監視・苗補給）	◎ 1人以下（複数台監視）
○ マット苗	○ マット苗	△ ロングマット苗
△ 直進のみ自動化	○ 外周以外の作業を自動化	◎ 全ての作業を自動化
○ 事前の経路生成が**不要**	○ 事前の経路生成が**不要**	△ 事前の経路生成が**必要**

図2　作業手順

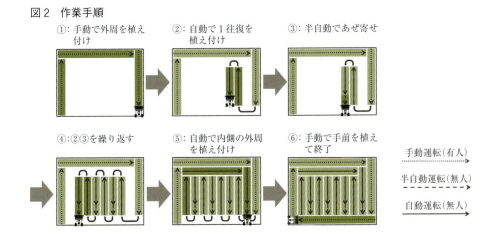

①：手動で外周を植え付け
②：自動で1往復を植え付け
③：半自動であぜ寄せ
④：②③を繰り返す
⑤：自動で内側の外周を植え付け
⑥：手動で手前を植えて終了

手動運転（有人）
半自動運転（無人）
自動運転（無人）

のON-OFF、条止めクラッチのON-OFFに加えて前後進まで電子化されている。このため、比較的少ない部品の追加で自動運転に対応することができた。

自動運転のために追加した主な装置は、操舵モーター、操舵ECU（電子制御ユニット）、GNSS受信機、ナビゲーションECU、ペンダントリモコンなどである（**図3**）。

■ 操舵モーター・操舵ECU

操舵モーターと操舵ECUは、目標舵角と一致するように田植え機の操舵軸を駆動する機能を担う。操舵モーターに採用したブラシレスモーターは、小型かつ高出力で制御性も高いため舵角制御に適している。操舵ECUは目標舵角とモーター角度を比較して、ずれを解消するようモーター電圧を変更することで舵角を制御する。

図3　自動運転田植え機の構成

■ GNSS受信機

GNSS受信機には、センチメーター級の測位が可能なRTK-GNSSを使用した。田植え作業は他の作業と比較して、要求される走行精度が高いという特徴がある。行程間隔が狭過ぎると苗の消費量が増えて問題となるが、行程間隔が広過ぎても雑草の繁茂や栽植密度低下による減収の問題が生じる。また現時点ではRTK-GNSSは比較的コストが高いが、徐々に低価格の受信機も出始めている。

■ ナビゲーションECU

ナビゲーションECUは、センサー情報を統合して田植え機の自動運転を制御するECUである。センサー情報としては、GNSS受信機の位置情報と速度情報、ECUの基板上に設けたIMU（慣性計測装置）の角速度情報と加速度情報が取り込まれる。これらの情報から車両の位置と姿勢を推定して、最終的に目標舵角や前後進速度、作業機の昇降、植え付けクラッチのON-OFF、条止めクラッチのON-OFFといった田植え機の操作信号を生成する。

■ ペンダントリモコン

ペンダントリモコン（**写真1**）は、緊急停止や自動運転開始の指示などに使用する。外寸は長辺が90 mmで質量37 gと、苗補給作業を妨げないよう小型軽量にした。自動運転中は遠隔から5段階の車速設定も可能。誤操

写真1　小型ペンダントリモコン

作防止のため、停止以外の操作には原則としてボタンの同時押しが必要となる。

安全性の確保

田植え機には、無人走行における安全上の課題が少ないと考えている。主な理由はドロドロの代かき圃場に第三者が立ち入るリスクが極めて小さいことである。第三者の立ち入りが想定されるロボットトラクタの場合、複数の障害物センサーを搭載する必要があり、このコストが課題となっている。田植え機でも、使用者が補植のために立ち入ることは想定されるものの、使用者であれば安全教育などで対応可能である。こうした理由から開発機では、障害物センサーを省略してコスト削減を図っている。

田植え機は圃場端からの安全監視においても条件が良い。水田は圃場全体が水平であることに加え、当然ながら田植え時には作物がないため死角が生じにくい。このため長辺が100mから150m程度の一般的な圃場であれば、圃場端から目視で田植え機の状態を確認できる。コンセプトでも説明した通り、監視者は苗補給者を兼ねているため、監視のためだけに人員を配置する必要もない。

さらに田植え機では、圃場逸脱の防止も比較的容易である。当然、GNSSの位置情報監視による逸脱防止も必要となるが、たとえこれが機能しなくても逸脱を防止できる。開発機は車体の傾きを常に監視することで、あぜに乗り上げて車体が傾斜すると即座に自動運転を停止する機能を備えている。水田は全方位があぜで囲まれているため逸脱防止に有効な手段である。

それでも万が一、危険な状態になれば、監視者が即座に自動運転を停止できる。ペンダントリモコンには緊急停止ボタンが備わっており、遠隔からでもすぐに田植え機を停止できるようになっている。リモコンの故障や通信障害によって停止不可能とならないようにリモコンと田植え機は常に通信しており、通信途絶時は直ちに走行を停止するよう設計されている。

熟練者並みの直進・旋回性能

圃場試験において直進精度を計測したところ、高い精度が得られた（**図4**、**写真2**）。走行速度の上昇に伴って精度がやや低下する傾向が見られるものの、いずれも標準偏差2cm以下に収まっていた。耕盤の凹凸程度や代かきの状態によって精度は異なってくるが、実用上十分な精度が得られたと考えている。

行程間の旋回動作（**写真3**）の速度は、独自に開発した制御プログラムによって熟練者並みを達成した。具体的には、後進にかかる時間が約3秒、旋回を開始してから作業機を下ろして植え付けを開始するまでの時間が約8秒と、合計11秒程度で旋回できる。人と異なり、疲労による速度低下も生じず、常に切り返しのない旋回動作が可能である。

労働時間を慣行より44%削減

自動運転田植え機による作業と慣行作業の能率比較を行ったところ、投下労働時間の削減効果が認められた。試験では、自動運転田植え機での作業は苗補給も含めて全て1人で行い、慣行作業は熟練オペレーター1人と補助者1人の2人体制で行った。そして、取得したデータを1辺100mの正方形圃場にお

図4　直進精度

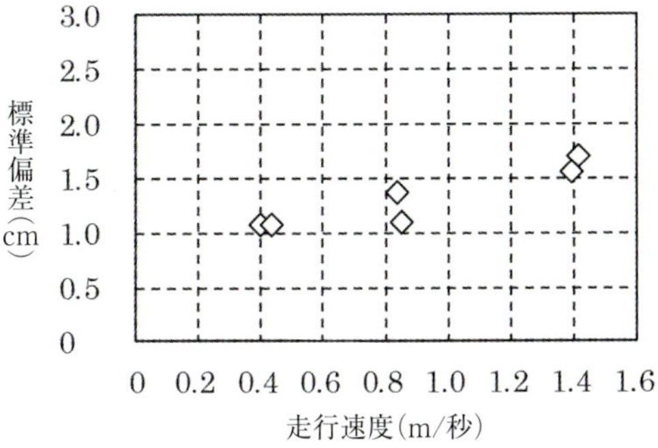

写真2　直進作業結果

写真3　自動旋回

写真4　台形圃場の作業結果

写真5　多角形圃場での作業結果

いて田植え機の最高速で作業した場合の投下労働時間に換算した。その結果、自動運転田植え機が1.79人時、慣行作業が3.18人時となり、44％の削減効果が認められた。

変形田にも対応

2017年のプレスリリース時は四角形圃場に限定したプログラムとなっていたが、その後の改良で対応可能な圃場形状を増加させてきた。全ての圃場に対応させることは難しいが、現在のプログラムでは、三角形や五角形などの多角形圃場や湾曲した圃場にも対応している（**写真4、5**）。変形田でも、最初に手動運転で圃場の外周を植えれば自動的に走行経路が生成されるため、特別な操作は不要である。

◇

以上のように、苗補給者が監視者を兼ねるというコンセプトの下、1人1台運用が可能な自動運転田植え機を開発した。

19年度からはスマート農業加速化実証プロジェクトなどに向け4台を追加製作し、現地農家において稼働させている。現在、農家圃場で明らかとなった問題点の修正作業を進めている。今後は、田植え機メーカーなどへの技術移転を進め、市販化に結び付けたいと考えている。

なお、本研究は内閣府戦略的イノベーション創造プログラム（SIP）「次世代農林水産業創造技術」（管理法人：農研機構生物系特定産業技術研究支援センター）によって実施した。

Ⅱ部 事例編

スマート田植機

井関農機㈱ 加藤 哲

スマート田植機とは

井関農機が開発した「土壌センサー搭載型可変施肥田植機」をはじめ、直進アシストシステムを搭載した田植え機「オペレスタ」や「密播疎植」の技術、「べんモリ直播」など、ICT技術やGNSS技術、その他科学技術などを活用し、作業の省力化や効率化、作物の品質向上、経費の削減などにつながる作業を行える田植え機である。

何ができるか

- 土壌センサー搭載型可変施肥田植機：複数のセンサーが、田植え時の土壌状態をリアルタイムで検知し、施肥量を自動制御することで適切な施肥を行い、稲の倒伏防止、生育むら低減による米の品質安定化や収量低下軽減、肥料の削減などができる
- 直進アシストシステム：GNSSを利用し、熟練者でも難しい田植え時の直進走行をアシストし、作業の精度向上とオペレーターの疲労軽減につながる自動運転技術である
- 密播疎植：疎植（＝株間を広げる）＋密播（＝厚まきの苗で少量かき取り）で苗箱をさらに削減。横送り28回で10a当たり最少6枚の苗使用量を実現する。それに対応した田植え機により省力、低コストにつながる
- べんモリ直播：土中で発芽の邪魔をする硫化物イオンを抑制し、発芽・苗立ちを安定化させる低コストで取り扱いが容易なモリブデンを含む資材を種子に被覆し、たん水直播することができる。それに対応した田植え機により省力、低コストにつながる

　現在、日本農業は高齢化・担い手不足が進んでおり、水稲栽培においては低コスト化（目標：米の生産コストの2011年全国平均比4割削減）を図るため、経営規模の拡大や圃場の大区画化などが行われている。また、水田の最大限の有効利用も求められており、麦、大豆、野菜などの作付けが奨励されている。

　しかし、そのような圃場での水稲栽培の肥培管理は難しく、過剰に施肥した所では稲が徒長し倒伏してしまい、米の品質・収量・食味の低下を発生させる。また、倒伏した稲をコンバインで収穫する際には、収穫作業に時間を要するなどのロスが発生し、生産者にとって大きな悩み・課題となっている。そうした中、基盤整備された大区画圃場や前作で稲以外を栽培した圃場などの圃場条件にかかわらず、また人の勘や経験に頼っていた圃場においても、誰でも簡単に適切な施肥作業ができ、その圃場ごとのデータが取れる田植え機が求められている。

　そこで当社は、生産者、行政、試験機関と連携し、7年の開発期間を経て、施肥量を自動でコントロールし、稲を倒伏させない業界初の土壌センサー搭載型可変施肥田植機（以

下、可変施肥田植機）を開発した。

可変施肥田植機のスマート化技術

　可変施肥田植機は、機体に搭載した数種類のセンサーが圃場の作土深と肥沃度を田植えと同時にリアルタイムに検出し、植え付け箇所ごとに最適な施肥量を自動制御することにより、稲の生育むら・倒伏の軽減と施肥量の低減が可能になる田植え機である。また、機体にはGNSSを搭載しており、測定した圃場の情報や施肥した結果をマップ化できるため、後年の栽培管理の改善に寄与することはもとより、勘と経験の農業から脱却することも可能にする。

　このように可変施肥田植機は日本農業が抱える「大規模経営」「省力・低コスト」「高齢化・後継者不足」「肥料価格の高騰から適正肥培管理」の課題を解決できる。また、田畑における過剰な施肥は農業の経営的な側面からも合理的ではない上、余分な化学肥料による水質・土壌汚染を引き起こすため、最適施肥により環境への悪影響を軽減できる。

■機械の構成要素

　1カ所の圃場でも場所によって圃場条件は異なり、旋回が多い場所とそうでない場所では作土の深さにむらができ、堆肥の散布むらや転作作物などが原因で肥沃度にもむらができる。また、大規模化のために複数の圃場を1枚の圃場に整備した場合にも、深さと肥沃度にむらができる。作土の深さによって作物の養分の吸収が異なる他、同じ深さでも肥沃度には差がある（**図1**）。

　これまでは圃場の状態に合わせて適量の施肥を行うことはできなかったが、可変施肥田植機は、本機に搭載した2種類のセンサー（超音波センサーと電極センサー）が圃場の作土深（作土層の深さ）とSFV（Soil Fertility Value：土壌肥沃度）を田植えと同時に検出し、最適な施肥量をリアルタイムで自動制御する。センシング技術により経験や勘に頼らなくても高精度な農作業を行うことができる。

■圃場の肥沃度のイメージ

　圃場の肥沃度のイメージを説明すると、従来の施肥のイメージは**図2**の通りで、もともと肥沃度がばらついた圃場の上にそのまま定量施肥するため、肥沃度のむらがなくならない。一方、可変施肥田植機で施肥すると**図3**のようなイメージとなる。圃場の肥沃度の状態に合わせて肥料の量を調節することで、肥沃度のばらつきを平準化できる。

図2　従来の施肥のイメージ

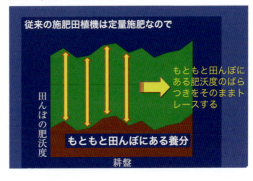

図3　可変施肥田植機での施肥イメージ（狙い）

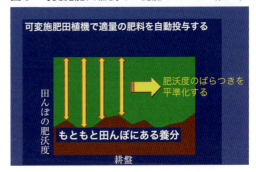

図1　圃場の状態

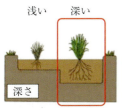

図4　超音波センサーによる作土深の測定

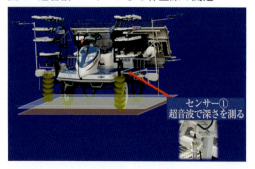

図6　電極センサーによる肥沃度の測定

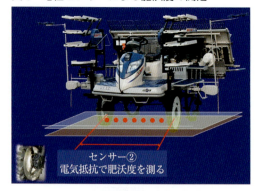

図5　作土深の測定

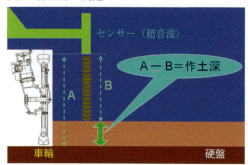

図7　肥沃度測定の原理

■作土深の測定

　深い圃場ほど土中の窒素分を多く吸収しやすく、徒長する可能性が高くなる。機体の左右補助苗枠の下に設置した超音波センサーで田面までの距離を計測し、車体の沈下量から作土深へ換算し、圃場深さを測定する（**図4、5**）。その結果に基づき深い所では施肥量を減らす。センサー（超音波）の前輪底面からの距離（**図5**のA）より圃場表面から反射してきた距離（**図5**のB）を差し引き、作土深（A－B）を測定する。

■肥沃度の測定

　これまで行ってきた多くの実証・実験結果から、稲の栽培に必要な窒素量は電流の流れやすさに関与していることが分かっている。圃場内にイオン化合物が多い場合、電流が良く流れ、電気抵抗が少ない。反対にイオン化合物が少ないと電流が流れにくくなるため、電気抵抗が多くなる（**図6**）。可変施肥田植機は左右の前輪内側に設置した電極センサー間の電気抵抗値から作土層のSFV（肥沃度）を測定する（**図7**）。

可変施肥田植機の機能と特長

■圃場をデータで管理

　可変施肥田植機の機体にはGNSSを搭載しており、これらの作業を行った結果は位置情報とひも付けされたデータとして圃場別に記録される。このデータと各社企業が提供するサービスを用い、移植から収穫までの生育情報を一元管理し、適正な施肥を行うことで稲作の省力化や低コスト化、高品質化に向けた定量的評価を行っている。

　センサーで取得した「作土深」「肥沃度」「減肥率」のデータはタブレットで地図情報として確認でき、作業者の頭の中にしかなかった田んぼの癖が、目に見える情報として残り、従業員間での共有もできる（**図8、**

図8 マップの作成

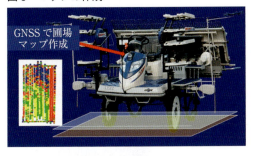

図9 圃場の状態の見える化

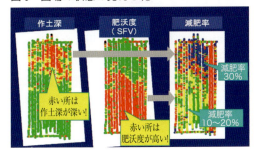

図10 養分施用量と収量の関係

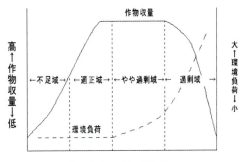

9)。また、蓄積されたデータは必要に応じてさまざまな使い方もできる。

■肥沃度のばらつきをなくす

一見して均一に見える1枚の圃場でも、作土の深さや肥沃度が異なるため、生育状況や収量に大きなばらつきが発生する場合がある。1枚の圃場に対して、施肥は一定に行われるため、圃場の肥沃度のばらつきが倒伏の原因となる。可変施肥田植機では、肥沃度の高い部分では施肥量を減らすことができる。

■稲の倒伏をなくす

圃場のあぜ際は、トラクタや田植え機の旋回時に掘り起こされるため、深くなる場合が多い。深い所では1株ごとに養分を吸収できる土壌の量が多くなり、稲の節間が徒長して倒伏しやすくなる。稲が倒伏した圃場では、コンバインによる収穫作業効率も悪くなる。このため、あぜ際のように深い所では、施肥量を少なく制御する。

■環境対応をする

作物の養分吸収量は、養分の施用量に伴い上昇するが、やがて吸収量が飽和状態になり収量も頭打ちとなる。さらに施用量を増加させても収量および吸収量は増えず、むしろ収量低下や品質低下さらには濃度障害を引き起こす（図10）。

①省資源・水使用量削減など

可変施肥田植機により施肥量を最適化することで、減肥の他、土壌や地下水など水系に与える負荷を低減できる（省資源、汚染防止）。実証実験では慣行施肥田に比べ肥料を平均17.4％削減した。

②地球温暖化対策

施肥量の最適化（＝減肥）の効果として、地球温暖化の原因となる一酸化二窒素の発生防止効果（GHG排出量削減）も挙げられる。また、稲の倒伏軽減と生育むらのないきれいな植え付けの副次的効果として、その後の防除や刈り取り作業時間の短縮による効果（燃料使用量削減、CO_2排出量削減）も期待できる。実証実験では倒伏のある慣行施肥田に比べ、刈り取り時間が48％削減された。

③生物多様性対策

地下水・土壌汚染の防止、農業用水の節水は、多くの固有種や絶滅危惧種を含む多様な生物の生息・生育地となっている里地、里山、田園地域の水系の保全につながる。

■経済面の効果

経済的メリットとしては、まず可変施肥田植機による減肥の直接的な生産コスト削減として、前述の通り、実証実験では慣行施肥田

に比べ平均で17.4％の施肥削減ができており、資材の削減にもつながるため農家から高評価を得ている。また、稲の倒伏防止、生育むら低減による米の品質安定化や収量低下軽減といった間接的な経済効果も挙げられる。さらに管理、刈り取り作業時のトラブルを防ぐことによる作業時間短縮、燃料使用量削減といった活動コストの削減も期待できる。なお、実証実験では試験圃場26カ所のうち、8カ所で倒伏軽減、9カ所で生育むら低減の効果が見られ（その他は従来田植機区と可変施肥田植機区ともに倒伏、生育むらは見られなかった）、刈り取り作業の時間は最大48％削減された。収量については全量の差が顕著でない圃場もあったが、くず米率が4〜10％減少した他、中米率の低減、整粒歩合の向上、玄米タンパク率の低減など等級の向上が見られた。

規模拡大や事業性としては、勘と経験に基づいた施肥量の調整を田植え機が自動で行ってくれるので、知らない圃場を請け負った場合でも、圃場の状態に応じた施肥ができ、複数のオペレーターが作業する生産組織においても常に同じ技術レベルで作業可能となる。倒伏しやすい圃場や転換田、基盤整備で合筆した圃場、耕作放棄地でも効果的である。

さらに、初年度の減肥量と実績などノウハウを蓄積することで、2年目以降により大きな効果を発揮する。

◇

ロボット技術やICTを活用した農業への期待が高まる中、この可変施肥田植機は、いま日本農業が抱えている課題を解決することが可能な「スマート田植機」であり、今後普及していくと思われる。この可変施肥田植機を商品化したことは、農業のロボット・ICT化がスタンダードになるきっかけになると考えている。

Ⅱ部 事例編

スマート追肥システム

鳥取大学　森本 英嗣

スマート追肥システムとは

水稲・麦類の追肥時に生育量の測定と可変散布をリアルタイムで実施できるシステム。追肥時の生育量と散布量のマップを生成し、生産者の葉色に対する知見を直接反映することも可能である。さらに散布部の折り畳み制御機能を備えており、変形田でも適切な可変散布を実現した。

何ができるか

・農家の知見を反映したリアルタイム可変施肥ができる
・施肥マップ、生育マップを作業後すぐに生成することで振り返りが可能
・土壌マップ・収量マップなどとの連携（ミルフィーユデータセットの生成）を可能としている

　本州の小規模生産者が減少し続ける一方、50〜100 haクラスの大規模生産者は増加傾向にある。このクラスの生産者には、年間数百万から1,000万円超もの肥料資材費を支出するケースも見られ、その直接的な経営への影響を考慮すると、農業機械分野における適正施肥の技術シーズを生産者に提供することは喫緊の課題である。

　わが国の水稲栽培において、適正施肥栽培技術とその利活用の重要性は従前から提唱されており、筆者は日本型スマート農業を普及させるためのキーワードとして「篤農技術をオペレーターへ」と「肥培管理のさじ加減を生産現場へ」の2つを掲げて、技術開発および普及に取り組んでいる。本稿では鳥取大学、井関農機、トプコン、初田工業がコンソーシアムを組んで開発し、水稲を中心に大規模栽培を行う集落営農組織や農業法人を支援するための革新的技術として期待される「スマート追肥システム」について概説する。

システムの構成

　本州における水稲栽培の追肥作業は、**写真**のような背負い式動力散布機による人力散布がいまだ主流である。また、追肥時期が梅雨とバッティングするため、特別栽培米のような高付加価値米を生産する生産者にとっては労力を要する作業となっている。さらに作業者は葉色を見ながら散布量を任意に加減しているのが現状であり、スマート農業を実践する上では本作業工程の機械化・情報化が不可欠な要素技術となる。そこで、追肥における

写真　動力散布機による追肥作業

センシングとリアルタイム可変施肥を両立させたスマート追肥システムを開発した。

本システムは図1に示すように、乗用管理機（井関農機「JK23」）と生育量を測定する生育センサー（トプコン「CropSpec」、入門編Ⅰ参照）、トラクタの位置を測位するD-GNSS、施肥量をリアルタイムに計算するソフトウエアとコンソール（トプコン「X25」）、散布装置（初田工業「ブームタブラ」）から構成される。

生育センサーの構造は発光部と受光部に分かれる。CropSpecは2つの波長のレーザーを発光し、対象物である作物から反射光を受光して、その光量、比率からセンサー固有の値を出力する。このセンサーの大きな特徴として、自分で参照光を照射し受光するアクティブ型センサーであることが挙げられる。

NDVIに代表されるパッシブセンサーに比べて変動する太陽光に影響されにくいことが知られており、日中だけでなく夜間でも安定性を有している。CropSpecは光源にレーザーダイオードを採用したことにより、小型軽量化と低消費電力化を図っている。また通信システムにCAN（Controller Area Network）を採用することで、複数台の取り付けも可能とした。前述したセンサーは楕円状の測定範囲を持ち、トラクタの進行方向に対して両サイドの植物の生育状態を測定できる。

可変施肥アルゴリズム

GNSSによる走行ガイダンスは追肥時の二重まき、無施肥などの問題を解消するために重要な機能である。CropSpecに付随するX25ガイダンスシステムは、ガイダンスの指標となるディスプレー、GNSS/GLONASSのハイブリッドアンテナから構成され、作業機の幅に合わせて走行した部分を塗りつぶす機能を持っている。この機能により作業場所を確認したり、変形圃場でのトラクタの走行ルートを検討したりすることが可能となる。

さらに、生育情報はGNSS情報とひも付けされて左右のブームタブラの施肥量とともに記録される。コンソールに内蔵されたソフトウエアは、センシングして得られた植物の生育状態に応じて独自のアルゴリズムで施肥量を算出し、施肥制御用の可変施肥コントローラーにデータを送信する。リアルタイムセンシングで作物の生育状況に合わせた肥料散布を行うためには、センサー値を作物の生育ステージに合わせた必要窒素肥料量に換算するための検量線が必要となる。トプコンと鳥取大学との共同研究によりアルゴリズム開発を進めている。

施肥量設計時には、まず追肥前に任意の圃

図1　スマート追肥システムの外観

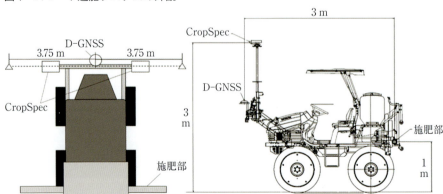

図2 可変施肥アルゴリズム

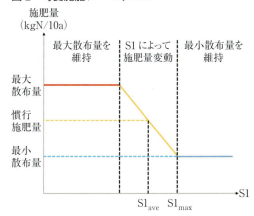

図3 生育マップ

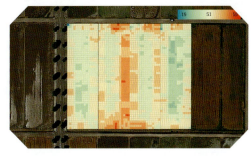

場をCropSpecでセンシング出力であるS1値の平均値（$S1_{ave}$）、最大値（$S1_{max}$）を求め、圃場の生育状態を考慮し、生産者自らが慣行施肥量、最大散布量、最小散布量を設定する。次に$S1_{ave}$に対しては慣行施肥量、$S1_{max}$に対しては最小散布量となるよう設定し、この2点の関係からS1に応じて施肥量を増減した。また、図2に示すように、S1がどれだけ上下しても施肥量は最大散布量以上、最小散布量以下にはならないよう制御した。同一品種で同一時期に作付けされた圃場に関しては、任意の圃場で設定したパラメーターを全ての圃場に適用した。

また、GNSSデータに基づいた車速連動も可能であるため、本機の走行速度によらず、単位面積当たり散布量が一定になるよう制御される。さらに作物の生育状況に合わせた可変追肥を記録し、記録媒体を介し地図情報として、図3のようにコンソール上で表示できる。

篤農家の経験・知識を反映

今回紹介した追肥時の生育量を測定する生育センサーは、リアルタイムかつ昼夜を問わず適切な可変施肥を実現でき、スマート農業の中で革新的な技術として普及が期待される。供試したセンサー以外にも、収量モニターやフィールドサーバー、生育情報測定装置、衛星画像、産業用ヘリコプターやドローンによる低空リモートセンシングなどさまざまな観測技術の開発が進んでおり、これらで得られる情報も適期作業を補助し、リアルタイムセンシング・可変施肥を補完できるデータとして普及が期待される。

本システムは当該年度の施肥の適正化だけでなく、次年度に向けた計画設計にも大いに活用できる。当該年度に収集した各種データと篤農家の経験・知識を観測データベースと照らし合わせることにより、篤農家の経験知を尊重・反映させるキーファクターとなり得るスマート農業技術である。

Ⅱ部　事例編

食味・収量メッシュマップ機能付きコンバイン

㈱クボタ　林　壮太郎

食味・収量メッシュマップ機能付きコンバインとは

　刈り取り作業をしながら圃場内の米の食味（タンパク質含有率）と収量の分布を測定できる機能を有したコンバインである。測定したデータを営農・サービス支援システム「KSAS」（Ⅱ事例編・営農支援システム参照）に送信し、圃場を5～20ｍ四方のメッシュに区切り、メッシュごとに食味と収量のデータを割り当てることで圃場内の分布を「見える化」した。

何ができるか

・圃場内のタンパク質含有率と収量の分布を測定でき、営農・サービス支援システム「KSAS」上でその分布を見ることができる
・圃場ごとのタンパク質含有率、水分含有率、収量を計測できる
・食味・収量分布を分析して、翌年度に対応農機で可変施肥を行う。PDCAサイクルを繰り返すことで、品質向上と収量安定化ができる

　日本農業は、農業従事者の高齢化や後継者不足により農家戸数が減少しており、担い手への農地集積化による生産コスト削減と生産性向上が推進されている。このような農業の転換によって、担い手に集積された多くの圃場を効率的に管理できる営農支援システムとそのシステムに対応したIoT農業機械の開発が盛んに行われている。

　当社は2014年に圃場1枚ごとの食味と収量をセンシングできるコンバインを発売しており、収集した収穫情報を「見える化」できる営農・サービス支援システム「クボタスマートアグリシステム」（以下、KSAS）を提供している。今後、さらなる生産性向上を実現するため圃場の大区画化が進むのに伴い、圃場内の食味と収量のばらつきを検出して土壌や生育環境、生育状態などを管理することが重要となる。そこで当社は、圃場内の食味と収量のばらつきについて、GNSS位置情報と関連付けてメッシュマップ化する食味・収量メッシュマップ機能付きコンバインを開発したので以下に紹介する。

食味と収量のばらつきをマップ化

■食味測定機能

　食味センサーは、**図1**のようにグレンタンク中央上側付近に取り付けられており、測定部はグレンタンク内部に露出するようにセットされている。測定部の前にはもみを一時貯留する箱を設け、もみが一定量たまると自動的に測定を開始し、もみに光を照射する。もみを透過して返ってきた光の強さを近赤外分光分析法によって近赤外域の波長ごとに分析し、米の食味の代表値であるタンパク質含有率と水分含有率を測定する。測定が終了すると貯留箱底部のシャッターが開き、もみは貯

図1 食味センサーの構成

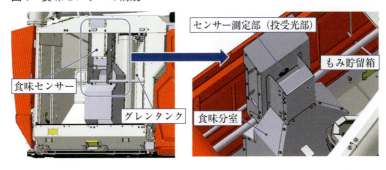

図2 液晶モニター表示
①直前のタンパク、水分含有率とグレンタンク内の穀粒重量表示　②平均タンパク、水分含有率と積算重量表示

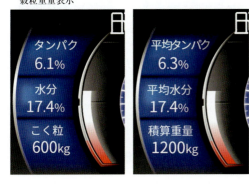

留箱の下に設けてある食味分室に回収される。これら一連の動作を繰り返すことで、圃場内の食味を測定する。

従来機は食味センサーをグレンタンク前方部に取り付けており、食味分室はなかった。取り付け位置の変更と食味分室追加によって、貯留箱にもみがたまる時間が短縮され、グレンタンク満タン付近まで食味測定ができるようになったことで、10a当たりの測定回数が5〜8回程度の従来機に対して、12〜15回程度の非破壊測定を行えるようになった。

測定されたデータは運転席の液晶モニターに、①直前に測定したタンパク質含有率と水分含有率②タンパク質含有率と水分含有率の平均値、として表示される。新たな圃場で作業する前に②の平均値をリセットすることで、圃場ごとの平均データ測定が可能である（図2）。

■収量測定機能

図3のように機体フレーム上に圧縮型ロードセル（以下、収量センサー）を搭載し、グレンタンク底面には重量感知部となるL字金具を設けた。グレンタンクを閉じると、L字金具が収量センサー上に乗り、タンク前方にかかる荷重からタンク内のもみ重量を測定する。もみ排出作業前にアンローダリモコンに設けた収量測定スイッチを押すと、自動車体水平制御で機体が水平状態になった後、収量測定を開始する。測定を終了すると液晶モニターに測定した穀粒重量と15％の水分で換算した乾燥重量が表示される（図4）。また、図2のように液晶モニターの表示切り替

図3 収量センサーの構成

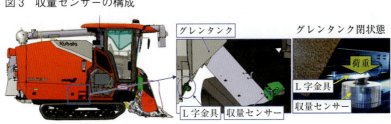

図4　収量測定結果表示

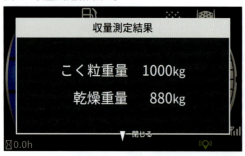

えをすることで、グレンタンク内のリアルタイムでの穀粒重量（①）と積算重量（②）が表示される。穀粒重量は刈り取り中も表示されているので、グレンタンクが満タンになるまでの刈り取り距離を予測して、空走距離（刈り取りせず移動するだけの距離）を減らすなどの効率化に活用できる。

■食味・収量メッシュマップ機能

図5のようにグレンタンク内にビーム型ロードセル（以下、穀粒流量センサー）を取り付けている。1番吐出口に搬送されたもみが回転羽根によってかき出され、穀粒流量センサーに固定された検知板に当たる荷重を測定し、穀粒流量に換算する。コンバインにはGNSSと直接通信ユニット（3G通信機器）が搭載されており、食味と収量、穀粒流量データ、位置情報がKSASクラウドへ送信される。KSASクラウドで圃場を5～20m四方のメッシュに分割し、位置情報と関連付けされた食味と穀粒流量データをメッシュに割り当てる。また、グレンタンク重量から算出する収量測定値を用いて、穀粒流量センサーの誤差を補正することで、収量メッシュマップの精度をさらに高めている。

作成された食味・収量メッシュマップは図6のようにKSAS上で見ることができる。収量は色が濃いほど多く、タンパク質含有率は色が濃いほど高いことを表している。KSAS上の画面設定でメッシュサイズの5m、10m、15m、20m四方への変更とメッシュ色の濃淡レンジ調整ができるので、ユーザーは必要に応じて、食味メッシュマップと収量メッシュマップの見え方をアレンジできる。

KSASで結果を次年度に生かす

従来はスマートフォンで「作業開始」「作業終了」などの操作を行い、KSASクラウド

図5　穀粒流量センサーの構成

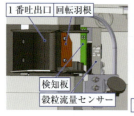 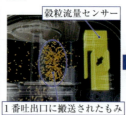 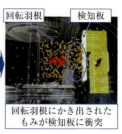

図6　メッシュマップ表示

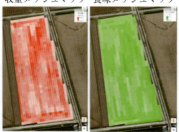
メッシュサイズ：5m

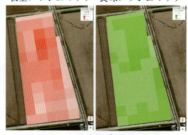
メッシュサイズ：20m

図7 KSAS概要

図8 食味（タンパク）・収量分布図

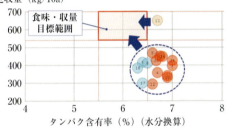

図9 可変施肥マップの活用

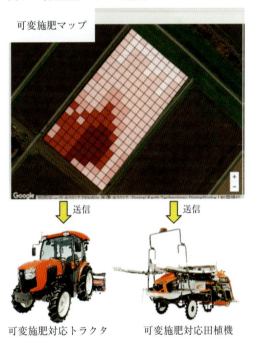

可変施肥対応トラクタ　　可変施肥対応田植機

へデータを送信していたが、KSAS対応食味・収量メッシュマップ機能付きコンバインは直接通信ユニットを搭載しており、事前にKSASに圃場を登録しておけば、測定した食味、収量データなどの収穫情報がKSASクラウドへ自動送信され、圃場に割り当てられる。そしてこれらのデータは事務所のPC端末などからWebブラウザを介して容易に閲覧できる（**図7**）。

　KSASでは、圃場の食味・収量メッシュマップ以外にも**図8**に示すような食味・収量分布図が作業終了と同時に得られ、圃場ごとの収穫結果を数値データとして評価分析することが可能である。そしてこれらの情報を施肥設計などの翌年の栽培計画に活用し、その結果を再び数値データとして評価分析し、さらに翌年の栽培計画に生かしていく。このように数値データに基づく営農サイクルを行う

ことで、圃場ごとのばらつきを解消し、高収量、良食味米の生産に貢献できる。

　さらに食味・収量メッシュマップ機能付きコンバインの開発によって、収穫時に圃場内の食味・収量の分布情報が得られ、これまでの圃場単位の施肥設計による食味・収量のばらつき改善から圃場内の可変施肥設計によるばらつき改善が可能となった。例として、**図**

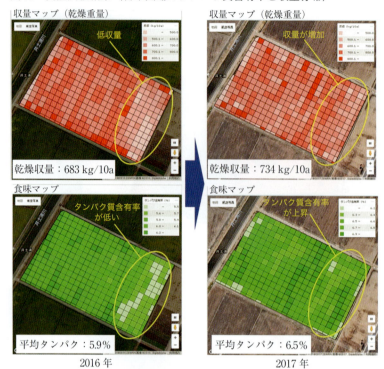

図10 実証試験結果（合筆圃場のタンパク質含有率と収量分布）

9のように食味・収量メッシュマップのデータを基に次年度の可変施肥マップを作成する。施肥量は色が濃い方が多いことを表している。そのデータを田植え機やトラクタに送信して可変施肥をすることで、圃場内の食味や収量のばらつきを改善する高度な精密農業が実現できると考える。

実証試験結果

図10のように、2016年から地力の異なる3枚の合筆圃場（3.3 ha、稲作）で収穫作業を行った結果、黄色線で囲んだ地力の低い領域が他の領域と比較して低収量なことが収量メッシュマップで確認できた。また、タンパク質含有率も低収量域で低くなっていることが分かる。翌年、16年の食味・収量メッシュマップを基に収量の低い領域を増肥させた可変施肥マップを作成して可変施肥を行った結果、黄色線で囲んだ領域の収量が増加し、タンパク質含有率も高くなり、圃場内の食味と

収量のばらつきに改善が見られた。

以上のように、食味・収量メッシュマップを基に可変施肥を行うことで食味と収量のばらつき改善に一定の効果がもたらされた。現在、別の圃場においても同様の効果が得られるのか、実証圃場数を増やして試験を実施中である。

◇

圃場の大区画化により圃場1枚ごとの作物の安定生産が重要視され、それらを行う上で、圃場内の品質と収量を「見える化」できる機能が求められていた。こうした要望に応えるべく米と麦に対応した食味・収量メッシュマップ機能付きコンバインを開発し、圃場内の食味と収量の「見える化」を実現した。今後は大豆やそばなど対象作物を拡大し、食味・収量メッシュマップのデータを活用した圃場改善や作物の安定生産ができるシステムを確立していくことで農業者の経営に貢献していく所存である。

Ⅱ部 事例編

水田の自動給排水装置

農研機構農村工学研究部門　坂田　賢

水田の自動給排水装置とは

　水田の多くは、水路から用水を導くための取水口とたん水を排除するための排水口を備えている。水田の水管理は取水口と排水口の調整を行う作業であり、自動給排水装置はこの作業を代替する機能を有している。装置そのものは数十年前から現場で使われているが、ICTの発達によりパソコンやスマートフォンなどの情報端末を使って、たん水状態の確認や給排水の操作が可能な装置の開発が進んでいる。

何ができるか

- 水位や時間など設定内容に応じて取水の開始や停止、排水口を自動で調整できる（機器により設定できる項目は異なる）
- 通信機能付きの装置ではインターネットに接続できる環境にあれば、どこからでも取水の有無を確認でき、付属センサーに応じて水位や水温なども確認できる
- 自動給排水装置を動かすためのソフトウエアを使って、目標水位、取水量、取水日時など水管理に関するさまざまな項目を組み合わせて作動させられる

水管理自動化の発展過程

　稲作の水管理は、作業手順としては単純で比較的労働強度は小さい。しかし、日常の繰り返し作業となるため、筆数が多い場合や作付面積が広く移動に時間を要する場合は負担感が増す。

　実際に稲作の作業ごとに比べると、管理（水管理以外も含む）は最も時間のかかる作業であり、2017年産の統計では全作業時間の26％を占める[1]。

　水管理自動化の嚆矢として、気象条件に応じてたん水深を調整することで冷害を回避できる[2]ため、これを自動化するシステムが開発された[3]。ただし、当時（1990年代）のコンピューターの価格、処理速度、通信環境などに鑑みて社会実装は困難であったと推察される。

　同じ頃、通信機器を使わず一定条件で取水の開始または停止を行う機能を持つ給水栓が開発されている（**写真1、2**）。作動・停止の条件には水位と時間が用いられた。水位により作動する自動給水装置は、水面に連動するフロートを設置し、あらかじめ設定した水位よりフロートが低い位置にある場合に取水し設定水位に達すると取水を停止する仕組みである[4,5]。

　時間により作動する自動給水装置は、設定した時間帯に取水を繰り返すことである。具体的には給水栓にモーターを連結させ、タイマーを使って設定した周期に合わせて取水の開始と停止を繰り返す仕組みである[6]。

写真1　フロートで制御する自動給水装置

写真2　タイマーで制御する自動給水装置

圃場水管理システムの開発

　2016年に「革新的技術の導入による生産性の抜本的改善」を実現するための具体的手法として「生産基盤の整備に当たっては、ICTの活用による水管理の省力化技術の導入等を推進する」と示された[7]ことなどを契機として、ICTを取り入れた水管理に関する機器やシステムの開発が盛んに行われるようになった。

　農研機構は内閣府戦略的イノベーション創造プログラム（SIP）「次世代農林水産業創造技術」（管理法人：農研機構生研支援センター）によって、主にパイプラインが接続された取水口と排水口に適合する給排水装置と、ICTを活用した操作が可能なシステム（以下、圃場水管理システム）を開発した。

　開発に際しては、手動で操作する従来型の給水栓は安価に普及しているため、開発された装置の販売価格をできる限り抑えられる構造にする必要がある。また、手動の給水栓は既に多数設置されており、完全に取り換えることは容易ではない。そのため、同一仕様で給排水を制御でき、既存の給水栓に取り付けられる装置の開発を目指した。

　圃場水管理システムは、給水栓と排水口を操作できる制御装置、複数の制御装置と費用をかけず通信できる基地局、圃場の状態の記録と制御命令の発信が可能なサーバー、携帯情報端末で操作できるソフトウエアの4つで構成されている（**図1**）。詳細は既報[8]～[10]の通りだが、以下に主な特徴を示す。

図1　圃場水管理システムの構成概要

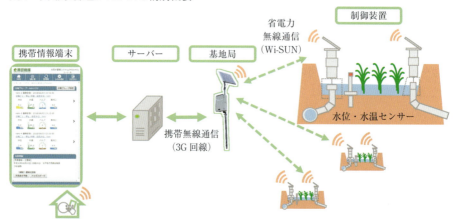

■制御装置

　制御装置は取水側、排水側とも同一仕様であることが特徴である。太陽光パネルから供給された電源によりモーターが駆動し、給水栓の開閉と排水口高さを連動して調整できる（**図2**）。また、取水側制御装置には水位・水温センサーを備え、圃場内の状況監視または制御時の取水の開始や停止の判断基準となる。

■基地局

　基地局はサーバーと携帯無線通信（3G回線）によりデータの送受信を行っている。このため携帯電話の無線基地局からの電波が届く範囲であれば、任意の場所に設置し通信を行うことが可能である。また、制御装置とは省電力無線通信（Wi-SUN）によりデータの送受信を行っている。1台の基地局で、半径500mの範囲にある最大60台の制御装置との接続が可能である。

■携帯情報端末（ユーザーインターフェース）

　スマートフォンやパソコンなど、インターネット接続が可能な端末を用いることによって、圃場内の水位、水温（たん水がない場合には地表面温度）、給水栓の開度、排水口の高さを一覧できる（**図3**）。パソコンやスマートフォンなどを普段使わない耕作者でも直感的に操作できるよう、イラストでの状況表示や少ない回数で目的が達せられる工夫がなされている。また、取水の開始や終了、強

図2　制御装置の構成

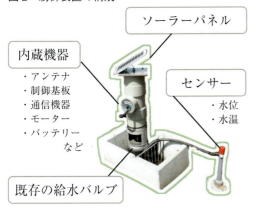

図3　ソフトウエアのトップページ

制落水などの指示に加えて、必要なたん水深制御に関する指示を送信できる。主なたん水深制御方法を次節に示す。

制御ソフトウエアの機能

　圃場水管理システムでは、単純な取水の開始または停止だけでなく、一定の条件を満たした場合に、取水の開始や停止を自動的に行う機能として「一定たん水」「間断かんがい」および「時間かんがい」がある（**図4**の「制御命令設定」を参照）。各機能の特徴、作動条件などについて以下に示す。

■一定たん水

　設定した任意のたん水深を維持するよう、取水の開始と停止を繰り返す機能である。わずかな水位変化により作動と停止が頻繁に繰り返すことを防ぐために、「制御幅（減水深）」に数値を入力することにより許容できるたん水深の減少幅を任意に設定できる。例えば、設定水位を5cm、制御幅（減水深）を1cmとすれば、取水開始後に水位が5cmになれば停止し、その後水位が1cm低下すれば（水位が4cmになれば）再び取水を開

図4 水管理の詳細設定ページ

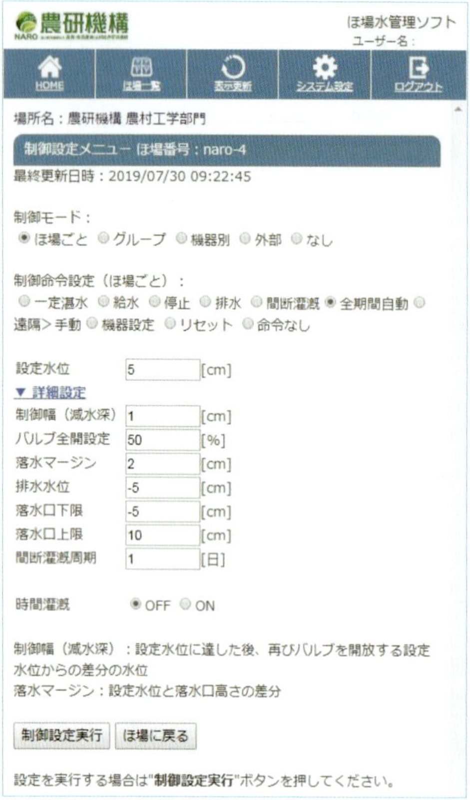

始する。

　また、排水口からの越流を防ぐために「落水マージン」に任意の数値を入力することにより設定水位よりも高い位置に排水口を設定することが可能である。例えば、設定水位を5cm、落水マージンを2cmとすれば、排水口の高さは7（＝5＋2）cmとなる。

■間断かんがい

　水管理の一手法である間断かんがいは、たん水後数日間取水を停止し、たん水がなくなる頃に再び取水してたん水状態とする水管理手法である。圃場水管理システムは間断かんがいを再現する機能を有している。「設定水位」「制御幅（減水深）」および「間断かんがい周期」を入力すると取水が開始し、設定したたん水深に達すれば間断かんがい周期で設定した日数が経過するまで取水を停止する。設定した日数の経過後に設定した制御幅を下回っていれば取水し、上回っていれば再び間断かんがい周期の日数だけ停止する。例えば、設定水位を5cm、制御幅を1cm、間断かんがい周期を1日とすると、取水開始後に水位が5cmになれば停止し、その後1日間（24時間）は水位にかかわらず停止し、1日経過後の水位が4（＝5－1）cmを下回っていれば再び取水を開始し、上回っていればさらに1日間停止する。

■時間かんがい

　圃場に取水できる時間帯が限定されている地域や、冷害対策など収量や品質の低下を抑制するために、取水する時間帯を任意に設定することが可能である。具体的には、一定たん水や間断かんがいなどの条件設定に加えて、取水の開始時刻と終了時刻を入力することで、上記の条件が作動する時間帯を限定することができる。なお、設定された時間帯以外では制御装置は「停止」状態となっている。

■その他の機能

　圃場水管理システムの「制御命令設定」には前述以外の水管理として、「排水」「全期間自動」および「遠隔＞手動」がある。

　「排水」は排水口の高さを「落水口下限」に入力された高さまで下げて排水を促す機能である。

　「全期間自動」は圃場の位置、品種および移植日を入力することで発育予測モデルに応じた水管理ができる機能である[9]。

　システムの設定変更として、以下の4種類がある。「遠隔＞手動」は、制御装置本体で「手動」設定にされている場合に遠隔操作に切り替える機能である。「機器設定」は、作製者側で行う設定を遠隔で実施する機能である。「リセット」は、ゴミ詰まりや電圧低下などの異常通知を解除する機能である。当然ながら通知を解除するだけであり、発生原因の除去は現地での対応が必要となる場合もある。「命令なし」は、制御命令の送信を停止させる機能である。

写真3 給水栓に設置可能な自動給水装置①

写真4 給水栓に設置可能な自動給水装置②

実情に応じた機器の選定

　製品として上市され、導入可能な水管理に関する機器は多数ある[11]。ただし、外観だけで本質的な違いを見いだすことは容易ではない（**写真3、4**）。また、目的によっては取水と排水の一方の管理で十分な場合や圃場内の水位や気象状況の確認のみでも十分な場合もある。耕作者や地域の実情に応じて最適な技術は異なることが一般的である。

　現時点ではICTを導入した機器は、低価格と高機能が両立しているとはいえない。水管理の実施者がそれぞれ求める機能を吟味し、圃場や水路の形状などの適合条件を踏まえた上で機器を導入し、その機能を最大限生かすことが自動給排水装置の導入効果を高めるためには不可欠であると考えられる。

【参考文献】

1) 農林水産省大臣官房統計部（2019年）「農業経営統計調査　平成29年産米及び麦類の生産費　米の作業別労働時間」
2) 鳥山國士、井上君夫（1984年）「イネの低温による障害型不稔に及ぼす微気象要因のシミュレーションによる解析」日本作物学会紀事 53（4）、p.387-395
3) 農林水産省東北農業試験場長（1994年）「水田の自動水管理装置」特開平 7-87856
4) 旭有機材工業㈱（1993年）「自動給水装置」特開平 6-280243
5) 旭有機材工業㈱（1993年）「水位センサ」特開平 7-12265
6) ㈱アヤハエンジニアリング（1994年）「給水栓自動開閉装置及び給水堰自動開閉装置」特開平 8-70716
7) 首相官邸（2016年）「日本再興戦略2016―第4次産業革命に向けて―」http://www.kantei.go.jp/jp/singi/keizaisaisei/pdf/2016_zentaihombun.pdf
8) 若杉晃介、鈴木翔（2017年）「ICTを用いて省力・最適化を実現する圃場水管理システムの開発」水土の知 85（1）、p.11-14
9) 若杉晃介、鈴木翔、丸山篤志（2018年）「圃場水管理システムを用いたICTのフル活用による高機能水田地帯の構築」水土の知 86（4）、p.289-292
10) 若杉晃介（2016年）「圃場用給排水システム」特開 2017-192366
11) 農林水産省農林水産技術会議「スマート農業技術カタログ（水稲・畑作）」http://www.maff.go.jp/j/kanbo/kihyo03/gityo/gijutsu_portal/smartagri_catalog_suitou.html

Ⅱ部 事例編

地下水位制御システム

農研機構本部企画戦略本部　若杉 晃介

地下水位制御システムとは

地下に埋設されている暗きょ排水管を用いて、必要に応じてかんがいにも利用することで、暗きょ排水機能と地下かんがい機能を併せ持ち、湿害と干ばつ害を回避するとともに、作物に最適な水位が維持でき、高品位安定多収を可能とする新たな水田基盤整備技術である。

何ができるか

・湿害と干ばつ害を回避でき、作物の安定多収生産が図れる
・地耐力の迅速な回復により、機械作業の効率化および適期適作による安定的な生産が可能となる
・転作時の地下かんがいによる暗きょ疎水材（もみ殻、木材チップなど）の腐食が防げる
・水稲の乾田直播における水管理が容易となり、安定した発芽・苗立ちが可能となる

暗きょ管を排水と給水に利用

暗きょ排水は地表や土層中の余剰水を排除するために施工される施設であるが、暗きょ管から給水することでかんがいにも利用できる（農林水産省、2017年）。このように地下水位を上昇させることで作土層に給水したり、地下水面上の土層中において毛管上昇により作土層の土壌水分を増加させたりする給水方式を地下かんがいという。中でも、地下水位を調節するための装置が付加されたシステムを地下水位制御システムと呼んでおり、北海道においては用水路から取水して暗きょ管に給水するための管理孔ますや水位調整型水こう（図1）を設置した「集中管理孔」が広く普及している。

本稿では幾つか存在する地下水位制御システムのうち、全国的に展開しているFOEAS（フォアス）についてシステムの概要や効果を解説するとともに、ICTなどを活用した

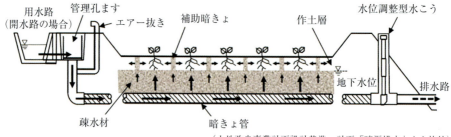

図1　管理孔ますを設置した地下かんがい事例（断面図）

（土地改良事業計画設計基準、計画「暗渠排水」から抜粋）

今後の展開について紹介する。

FOEASの概要と特長

　FOEASは暗きょ排水機能と地下かんがい機能を併せ持ち、湿害と干ばつ害を回避するとともに、転作作物に最適な地下水位を維持でき、高品位安定多収を可能とする新たな水田基盤整備技術として、全国約280地区、約1万3,000 ha（17年時点）に普及している（**図2**）。一般的な地下かんがいでは、圃場全体の均一な地下水位のコントロールが難しく、用水中に含まれる泥、砂などの暗きょ管内への堆積といった課題があったが、FOEASではこれらを解消するための独自の給排水装置と暗きょ管レイアウトになっている。

　以下にFOEASを構成する「用排水ボックス」「幹線・支線パイプ」「補助孔（弾丸暗きょ）」「水位制御器」の概要と特長を説明する。

■ **用排水ボックス**

　用排水ボックスは一般的な給水口（給水バルブ）と同様に水稲作時のかん水を行うことができ、かつ転作時は暗きょ管に直結した地下給水孔に注水することで地下かんがいが行える（**図2**）。また、圃場内の水位に応じてフロート部が上下に動き、それに連動して先端の用水出口が開閉される水位管理器も備わっている。口径が小さいことから日常的な水位管理を行う際に用い、設定した水位を常に維持することができ、水管理労力の削減が可能となる。

■ **幹線・支線パイプ**

　幹線・支線パイプは一般的な暗きょ排水と同様にポリエチレン製有孔管を使用し、もみ殻などの疎水材と共に10 m間隔で埋設される。前述の用排水ボックスとは幹線パイプが連結しており、口径100 mm、管底深さ−60 cmで水平に埋設される（**図2**）。支線パイプは幹線パイプの末端（排水路側）から接

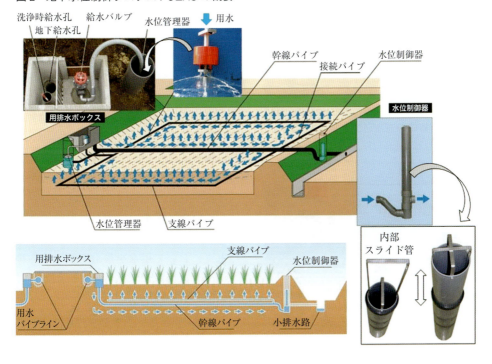

図2　地下水位制御システムFOEASの概要

続パイプを介して連結され、口径50 mm、管底深さ-55 cmで水平に埋設される。FOEASでは、幹線と支線パイプの埋設高の違いを利用して、用水中に含まれる泥や砂などを幹線パイプ内に一時的に堆積させ、管内の上澄みを支線パイプに配水するため、構造上支線パイプには土砂が堆積しない。また、幹線パイプ内の土砂は用排水ボックスから多めの用水を流下させることで、容易に除去（フラッシング）できる構造になっている（**写真1**）。

なお、従来の暗きょ排水管は、500分の1程度の傾斜をつけて埋設されるが、水平に敷設しても暗きょ管上の疎水材部を含めた動水勾配によって排水されるため、排水能力が低下することはない。加えて、暗きょ排水口が従来暗きょよりも浅い位置になることから、排水路の掘削断面が減ることで整備費を抑えることが期待できる。

■ 補助孔（弾丸暗きょ）

補助孔は幹線・支線パイプに直交して孔底深さ-40 cm、1 m間隔で施工される（**図3**）。排水時には地表の余剰水を暗きょ管に導き、地下かんがい時には幹線・支線パイプから疎水材を経て上昇した用水を、補助孔および亀裂を伝って圃場全面に送水することができる。なお、補助孔の施工は油圧ショベルを利用するアーム式弾丸暗きょ形成装置を使用することで、従来のトラクタけん引の弾丸暗きょ施工では不可能であった畦畔や排水路の際まで施工できるため、圃場全面の地下水位制御および排水改良ができる。

■ 水位制御器

水位制御器は従来の暗きょにおける水こう部に設置される施設である。水こうは暗きょ管の開放と閉鎖を行うのに対し、水位制御器は内側のスライド管を上下させることで+20 cm～-30 cmの任意の水位を設定できる（**図2**）。地下水位が設定水位よりも高くなると、暗きょ管内の水が内管からオーバーフローし、水路などへ排出される。水位管理器と組み合わせることで、作物に応じた最適な地下水位を制御・維持することが可能である。なお、水稲時の地表排水用の落水口は別途設置する。

FOEASによる営農上の効果

I県T市の暗きょ排水が未整備な黒ボク多湿土の排水不良水田（30 a区画）にFOEASを施工し、その効果について実証試験を行った。

FOEAS圃場の地下水位は、降雨時には一時的に上昇するが、設定した地下水位以上の余剰水は暗きょ排水機能により速やかに排水されて設定水位に戻り、降雨の少ない夏季には地下かんがい機能によって設定水位を維持していた（**図4**）。一方、対照圃場は50 mm程度の降雨時にはたん水状態となり、大豆の生育において用水を最も必要とする開花期（8月）は降雨が少なく、地下水位が-60 cm以下になっていた。

FOEAS圃場の大豆収量は地下水位制御に伴う、発芽・苗立ちの安定化や開花期の乾燥

写真1　暗きょ管内の洗浄（フラッシング）

図3　補助孔（弾丸暗きょ）の施工

図4 地下水位の変動

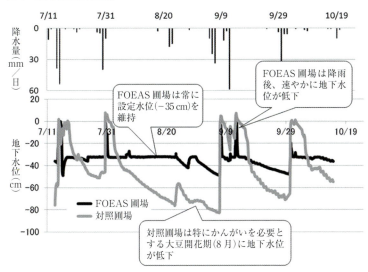

図5 大豆の生育状況と収量調査結果

年度	作目	収量(kg/10a) FOEAS 圃場(A)	収量(kg/10a) 対照圃場(B)	重量比(A/B)
2007年	大豆(タチナガハ)	246	221	1.1
2008年	大豆(タチナガハ)	343	105	3.3
2007年	小麦(農林61号)	349	285	1.2
2008年	小麦(農林61号)	297	246	1.2

写真2 地下かんがい時の状況(設定水位−5cm)

回避により、対照圃場に比べて増収が確認された(**図5**)。同様に小麦収量は、湿害の回避と穂ばらみ期のかんがい効果で対照圃場の1.2倍であった。加えてFOEAS圃場では迅速な排水によって、降雨後も速やかにトラクタなどの機械走行が可能になることが確認されており、播種や防除といった栽培管理、収穫などの作業も適期および計画通りに行うことが期待できる。

FOEAS導入によって期待される営農上の効果について以下にまとめた。
①湿害と干ばつ害を回避でき、作物の安定多収生産が図れる
②地耐力の迅速な回復により、機械作業の効率化および適期適作による安定的な生産が可能
③転作時の地下かんがいによる暗きょ疎水材(もみ殻、木材チップなど)の腐食防止
④団粒構造を壊さずに均一にかんがいでき、種子や苗の流亡および病気まん延の回避
⑤転作時の過乾燥による地力低下を地下かんがいによって回避
⑥水稲作付け時の水管理の適正化と省力化が図れる
⑦水稲の乾田直播における水管理が容易となり、安定した発芽・苗立ちが可能(**写真2**)
⑧水平暗きょにより排水路が浅くなるため、のり面の草刈り労力の軽労化が可能

写真3　地下水位制御システムと圃場水管理システムの連携

地下水位制御システムでのICTの活用

　近年、ICTを活用して遠隔・自動で水管理を行う圃場水管理システムが開発され、普及しつつある（若杉ら、17年）。現在は、幾つかの地区でFOEASや集中管理孔といった地下水位制御システムと、圃場水管理システムを組み合わせた現地実証試験を行っている（**写真3**）。乾田直播栽培の初期かんがいは多くの水管理労力と豊富な経験が不可欠であるが、両システムの連携によって、地下水位のセンシングや農家が行っている芽出しや苗立ちを促進するための水管理手法（ノウハウ）をプログラミングすることで、省力化と安定した栽培が可能になると考えられる。

　また、転作時の地下かんがいにおいても両システムの連携によって、これまで以上の効果を発揮することが望める。

　具体的には、土壌水分データをセンシングしながら、最適な水分状態を維持するように自動で地下かんがいを行うことも可能である。さらには圃場の立地や気候、土壌特性、気象予測、作付け作物情報、生育状況などのデータをクラウド上で連携することで、さまざまな状況に応じた最適な水管理を自動で行い、品質や収量、安定生産性をより向上させることが期待できる。

　最後に、地下水位制御システムは圃場のたん水深や地下水位を制御することが可能な水田基盤整備技術で、今後さまざまな先端技術やデータと連携することで、システムの機能を最大化させることが可能であり、今後の技術開発が期待される。

【参考文献】
1) 農林水産省（2017年）「土地改良事業計画設計基準　計画　暗渠排水」
2) 若杉晃介、鈴木翔（2017年）「ICTを用いて省力・最適化を実現する圃場水管理システムの開発」農業農村工学会誌、85（1）、p.11-14

Ⅱ部 事例編

収穫適期マップ

青森県産業技術センター　境谷 栄二

収穫適期マップとは

衛星画像を利用して、水稲の収穫適期を水田1枚ごとに広範囲で予想し、日付別に水田を色分けしたマップ。登熟期間中、成熟が進むにつれて稲が緑色から黄褐色に徐々に変化する特性を利用している。衛星画像の赤色波長の反射率などを指標に水田ごとの生育の早晩の違いをデータ化し、これと出穂後積算気温のデータを組み合わせることで、収穫適期を暦日（△月△日）で予想する。

何ができるか

- これまで実現困難であった水田ごとの適切な収穫時期の広範囲での予想ができる
- 営農指導員はこのマップを利用することで、適切な収穫時期を農家に分かりやすく、具体的にアドバイスできる
- 農家または組織はこのマップを利用することで、適切な時期に収穫するための収穫日や収穫順序を計画できる
- Webアプリなどインターネット手段を介して、情報を営農指導員や農家へ迅速に提供できる

「青天の霹靂」のブランド化へ

全国で多くの産地が米の品種育成とそのブランド化に取り組んでいる。青森県でも2015年に「青天の霹靂」が市場デビューし、食味と外観品質を重視したブランド化を進めている。

高品質米生産には収穫を適切な時期に行うことが必要で、収穫時期が遅くなると、米粒にひび割れが生じる胴割れ米や変色による茶米などが生じてしまう。適期収穫のためには稲が成熟して収穫可能になる日（成熟期）を正確に把握する必要があるが、成熟期は田植え日や施肥管理による変異が大きい。寒冷地の青森県であっても、同じ品種・同じ地域内で10日以上のばらつきが見られ、農家自身による成熟期の見極めもやや経験を要する。

しかし、県やJAが農家指導に利用している成熟期の予測情報は、現行では地域や市町村を一括した大まかな予想日（○○市、△月△日）にすぎず、水田ごとの状況には対応できていない。そこで青天の霹靂では、衛星画像（Ⅱ事例編・基盤技術「衛星リモートセンシング」参照）を利用して成熟期を水田単位で予測した収穫適期マップを作成し、情報を産地スケールで活用する取り組みを16年から始めた。同マップ作成の仕組みや適期収穫への活用状況を紹介する。

収穫時期推定の仕組み

稲の色は出穂時期には緑色をしているが、収穫時期が近づくと黄褐色に変わる（図1）。この間、葉や穂の葉緑素が徐々に抜け、緑色が淡くなっていく。地上を撮影する多く

図1 生育時期による稲の色の違い

緑色
出穂時期

徐々に変化 →

黄褐色
収穫時期

の衛星は、デジカメ写真と同様に青、緑、赤の3波長と、さらに近赤外波長の計4波長の測定が可能である。Googleマップなどでよく見掛けるカラーの衛星画像は、これらのうち青、緑、赤の3波長の強さが測定されたデジタルデータをカラー合成したものである。

収穫時期の予測に用いる衛星画像は、出穂後の登熟期間中に撮影するが、カラー合成画像では収穫時期までの日数が短い水田ほど緑色が淡く、収穫時期までの日数が長い水田ほど緑色が濃い傾向がある。人間の目では、3波長のうち最も輝度の強い緑色の濃淡で認識されるが、生育ステージとの関係では、緑色よりはむしろ赤色の波長の強さに大きな違いが生じる。そのため、収穫時期は赤の波長または赤を含むNDVI（正規化植生指数）と密接な関係が見られる（境谷・井上、2013年）。

なお、衛星画像から把握できるのは、生育の早晩に関する相対的な情報である。詳細は後述するが、これに対象地域の出穂後積算気温の情報を組み合わせることで、水田1枚ごとの成熟期（暦日で△月△日）を算出できる。**図2**に収穫適期マップの例を示す。

衛星データの利用手順

■栽培水田の特定

図3は、青天の霹靂の収穫指導での衛星データの利用手順である。青天の霹靂では、同品種が栽培されている水田を事前に地図化している。これは早生品種、晩生品種のように成熟に要する期間が品種で異なるためである。青森県品種でも中庸な生育量の稲では、出穂後の積算気温で青天の霹靂は900℃、「つがるロマン」は960℃が目安とされる。栽培水田を事前に特定しておくことで、品種別のマップ作成が可能になる。なお、津軽全域の筆ポリゴン（区画情報）は1筆ごとに固有番号が付与されており、特定作業ではこの番号を利用してJAなどが栽培水田を生産者から聞き取りしている。

■衛星撮影

衛星撮影は出穂後15日ごろの8月中旬から9月上旬にかけて行い、9月上旬までに撮影された衛星画像を基に収穫適期マップを作成する。青天の霹靂の取り組みでは、同品種が栽培されている3,000 km^{2}の広範囲を撮影している（**図4**）。なお、費用の低減および広範囲を一度に撮影するため、画像解像度が5m前後とやや粗い衛星をメインに利用している。

■マップ作成

衛星画像から把握できるのは、生育の早晩に関する相対的な情報である。水稲の場合は生産組合のような組織だけでなく、多数の農

図2 収穫適期マップ

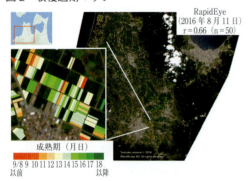

図3 衛星データの利用手順

(1) 栽培水田の特定	(4～6月)
(2) 衛星撮影	(8月中旬～9月中旬：登熟期)
(3) 収穫適期マップ作成	(9月上旬以降のできるだけ早い時期)
↓	
収穫指導	(9月上旬～下旬) [Webアプリ]
↓	
収穫	(9月中旬～下旬)

図4 衛星撮影範囲

(1) 対象地域　青森県津軽地域
(2) 衛星撮影
　・衛　星：2016年　RapidEye（解像度5m）
　　　　　　2017年　SPOT7号（解像度6m）
　・撮影日：2016年8月11日
　　　　　　2017年8月26日
　・面　積：3,000 km²
(3) 地上調査
　・調査地点数：50地点
　・出穂期：全穂数の40〜50％出穂日
　・収穫適期（成熟期）：もみ黄化率85〜90％到達日

図5　収穫適期マップの作成方法
〈2016年の例〉
(1) 「青天の霹靂」筆ポリゴンを用いて、水田内の衛星データを抽出
(2) 衛星データ（R658 nm反射率）と出穂後積算気温（8月31日以降は平年値）から、成熟期（暦日）をピクセル単位で予測（以下参照）
(3) ピクセル単位の予測データを水田単位で平均化し、月日に応じて色分けした

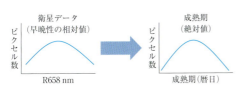

〈パラメーター詳細〉
①平均
　出穂後積算気温による予測日
　「青天の霹靂」全体平均（9月13日）
②標準偏差
　調査地点で実測した成熟期と衛星データから作成した「収穫適期マップ」の標準偏差の平年値（3.1）

家がおのおのに収穫を行う。そのため、稲の成熟が進んで収穫可能になる日を暦日（絶対値）で把握できれば情報を活用しやすい。

そこで収穫適期マップでは、衛星画像から得られる相対的な早晩の情報に、出穂後積算気温を組み合わせることで、成熟期を暦日（△月△日）で算出する。具体的には、地域全体で想定される成熟期の正規分布を規定することで、衛星データの分布を成熟期の分布に変換する（**図5**）。そして、算出された水田1枚ごとの成熟期（△月△日）を日付別に色分け表示して収穫適期マップ（**図2**）を作成する。

■マップ情報の伝達

収穫適期マップの利用者は、津軽地域一円の営農指導員と生産者である。対象エリアは13市町村に及び、紙資料で全ての地域を印刷するには広過ぎる。また、約1,000人の生産者への情報伝達は、資料を郵送する方式だと費用的にも、時間的にも厳しい。費用をかけず収穫までの限られた期間内に、迅速に情報を伝達できる仕組みが必要である。そこで衛星情報を効率的に伝達するのに専用のWebアプリを作成した（**図6**）。Googleマップに収穫適期マップの情報を重ね合わせたもので、携帯端末のGPS機能を利用して地図上の現在地にジャンプすることができる。

マップの予測精度

2017年と18年における収穫適期マップの精度を**表**に示した。各年次とも誤差は市町村別の予測である従来法が4日程度であるのに対し、収穫適期マップは半分の2日程度に収まり、精度が高い。なお、いずれの方法でも

図6 Webアプリ（画面は2017年の収穫適期マップ）

(1) 収穫適期マップの利用状況（2017年）
（Webアプリへのアクセス状況から解析、9月4日〜10月20日）
- ユーザー数（端末数）　　566人
- 利用回数（セッション数）　2,155回
- 利用機器の割合
  - スマートフォン　　77%
  - タブレット　　　　10%
  - パソコン　　　　　12%

(2) 営農指導員へのアンケート結果
　　　　　　　　　　　　（2017年、n＝23）
- 指導に利用した指導員の割合　　100%
- 従来法よりも説得力があると
  回答した割合　　　　　　　　　96%

表　予測精度

予測方法	誤差（RMSE）	
	2016年 (n=40)	2017年 (n=39)
①収穫適期マップ	2.3日	2.2日
②従来法（市町村ごとの出穂後積算気温）[該当市町村の平均出穂期＋900℃]	4.3日	4.0日

※ RMSE＝$\sqrt{(予測日)-(実測日)^2/n}$、地点数が3地点以上の市町村で比較
※従来法の900℃は「青天の霹靂」における成熟期到達までの出穂後積算気温の目安温度
※予測データ作成日：2016年8月31日、2017年9月2日

　現場への情報提供は収穫の10日以上前に行われるが、その後の気温の推移によっては、予測日を全体的に早める（遅らせる）対応が必要になることがある。この場合でもWebアプリで情報提供を行っている収穫適期マップでは、クラウド上のデータを修正するだけで、産地全体に修正情報を容易に伝えることができる。

収穫指導での利用状況

　青天の霹靂の栽培面積は、16年が1,559ha、17年が1,910haで、その全域を対象に16年から収穫適期マップの利用を進めている。アンケート調査では、情報を指導に利用した営農指導員の割合は、初年の16年では84%で、大部分の営農指導員が従来法より効果が期待できると回答した（境谷、17年）。さらに17年には営農指導員の利用率が100%に達した（**図6**）。これはWebアプリの操作が簡単で、伝達すべき情報も「△月△日」と単純で受け入れやすかったためと推察される。

　従来法では、生産者から市町村名と田植え日を聞き取り、指導員が田植え日の早晩を考慮した上でおよその目安を伝えていた。収穫適期マップでは、マップ上の予想日「△月△日」を口頭で伝えるか、またはマップを見せるだけで済む。

　17年には生産者もマップを直接利用できる体制となり、営農指導員と生産者合わせて566人に利用された。青天の霹靂では、収穫適期マップの利用が産地に定着しつつある。

　なお、本研究は農研機構生研支援センター「革新的技術開発・緊急展開事業（うち経営体強化プロジェクト）」、「SIP（戦略イノベーション創造プログラム）」の支援を受けて実施した。

【参考文献】
1) 境谷栄二・井上吉雄（2013年）「米の適期収穫への航空機および衛星リモートセンシングの実践的利用」日本リモートセンシング学会誌、33（3）、p.185-199
2) 境谷栄二（2016年）「青森県内における高品質米生産へのリモートセンシング技術の利用」計測と制御、55（9）、p.801-805
3) 境谷栄二（2017年）「水稲品種『青天の霹靂』での衛星リモートセンシングを利用した収穫指導の展開」日本作物学会第243回講演会要旨集、p.169
4) 境谷栄二（2017年）「衛星画像によるブランド米の生産管理〜高品質米生産支援のための生産指導での衛星情報活用〜」日本土壌肥料学会講演要旨集、63、p.225

Ⅱ部 事例編

環境情報センシング・モニタリング

東京大学／ドリームサイエンスホールディングス㈱ 平藤 雅之

センシング、モニタリングとは

センシングとは温度などの状態を電気信号に変換する機器（センサー）を用いて電気信号あるは数値情報として得ること。モニタリングは、温度センサーや画像センサーなどを用いて継続的に目的とする対象の情報を得ること。

何ができるか

- 圃場の気温、湿度、土壌水分などの情報を数値として得る
- 圃場の状況を画像で確認する
- トラクタなど農業機械の位置、速度、その地点での収量などの情報を得る
- 家畜の体温、位置の情報などを得る

圃場にセンサーやカメラを設置

作物は気温、湿度、日射量など環境の影響を受けて成長している。農業においてこれらの環境情報は非常に重要である。

国民生活に影響の大きい降水量、気温、日照時間などの情報はアメダスが提供している。農業もアメダスの情報だけで十分と思うかもしれないが、アメダスの観測ステーションの数は少なく、圃場から数キロ離れている場合、気温がかなり違う可能性もある。さらに中山間地や都市周辺の混住地域だと、その差は大きい。作物の生育は積算温度などの指標を用いることである程度予測できるが、温度を積算すると予測誤差が大きくなる場合もある。またアメダスでは日射量、土壌水分などの農業で重要となる情報は提供されていない。

農業では、作物の生育や圃場の状況もモニタリングする必要がある。例えば大型台風が来襲した時に、「作物が倒伏していないだろうか」「圃場が水浸しになっていないだろうか」と気になると思うが、このような時の圃場の見回りは非常に危険である。また収穫などの作業計画の立案や生育管理を行うには、圃場を巡回して作物の生育状況などを把握しておく必要がある他、目を離すと盗難、不法投棄などの人災も受けやすくなる。また、農業従事者のリタイアに伴って農業の大規模化が進んでいるが、利用可能な農地が隣接地であることはまれで、農地の分散化（分散錯圃）を招きやすい。分散した農地の見回りや管理はさらに困難である（**写真1**）。

こういったさまざまな問題の根本的解決策が、圃場にセンサーやカメラを設置してモニタリングすることである。

畑作で必要となる環境情報

畑作において必要な環境情報を重要と考えられる順に列挙すると、気温、湿度、日射

写真1 北海道十勝（更別村）の圃場。本州以南と同様、北海道の大規模農業地帯でも飛び地が増えている。防風林と山林はコリドーと呼ばれるヒグマの通り道となっており、圃場でヒグマに遭遇するリスクもある

量、土壌水分、地温、CO_2濃度、風速、風向、積雪深、土壌凍結深、土壌物性・化学性などがある。

教科書的には、作物と環境には次のような関係がある。日射量が大きいほど作物の成長速度は速くなる。日射量が少ないと光合成量が減少し、収量や品質が低下する。気温が低いと成長が抑えられ収量は減る。気温が高過ぎると呼吸量が増え、光合成速度は低下する。湿度が高いと、葉の表面にある気孔を開いて蒸散を行おうとする。気孔が開くと空気中のCO_2を取り込みやすくなり、光合成速度は大きくなる。土壌水分が少ないと、蒸散を抑えるため気孔を閉じるので、光合成速度は低下し、収量は減少する。

しかし、環境変化に対する植物の反応は非常に複雑である。環境条件の組み合わせ、品種、栽培方法の違いによっては教科書通りにはならない。温暖化やゲリラ豪雨など、近年の気候は過去の経験が役に立たないほどに変化している。また、消費者のニーズもどんどん変化している。こういった時代の多様な変化に対応するには、圃場における環境と収量などのデータに基づいて新しい作物や品種を導入し、それらに適した栽培方法を見つけ出す必要がある。

環境情報のモニタリング

実際に圃場の土壌水分や土壌温度を計ったことのある人は、ほとんどいないだろう。そのため土壌水分を測ったとしても、どのような状態なのかよく分からない。体温は「37℃を超えると異常」ということを誰もが知っている一方、血圧は個人差があり時間によって変化するため、異常かどうか分かりにくい。しかし何度も測定し、正常な範囲が分かるようになると有用な情報となる。

農業における環境情報も、血圧と同様にまずは継続的に測定する必要がある。しかし「土壌水分がこの範囲を超えると減収」といった知見が得られるまでデータを集めないと役に立たないため、「知見がないとデータが役に立たない」「データがないと知見が得られない」というジレンマがある。そもそも圃場において長期間にわたる環境モニタリングが難しいという問題がある。

そこでICTでこのような問題に対処するため、われわれは2001年ごろからフィールドサーバーと呼ばれる圃場モニタリングロボットの開発を開始した。通信サービスや半導体部品は数年程度の周期で陳腐化していくため、新しい技術と部品に対応しながら改良を続けてきた（**写真2**）。

大規模畑作におけるデータ収集

気温、湿度、日射量を測定する場合、大規模圃場であっても最低1カ所あればアメダスのデータと組み合わせることで何とかなる。しかし土壌水分と地温は未知の要素が多く、アメダスでは測定されていないため、できるだけ異なる条件で多数測定する必要がある。

2001 年　　　　　2003 年　　　　2013 年　　　　2019 年

写真2　フィールドサーバー

　小規模圃場ではセンサーなどの設置やメンテナンスは大した手間ではないが、大規模圃場にフィールドサーバーを多数設置し、長期間モニタリングするのは容易でない。特に近年の大規模圃場は農業機械による作業を前提としており、さまざまな問題がある。

　例えば、土壌水分や地温の違いによる生育の影響を知りたいときは土壌水分や地温が大きく違う場所にフィールドサーバーを設置したい。しかし作物の近くに設置するとブームスプレーヤによる農薬散布作業の邪魔になるため、機械作業の前にサーバーを撤去し、作業後再び設置する必要がある。フィールドサーバーはこれに対応できるようにオールインワン化を徹底しており、撤去は単に引き抜き、再設置は元の穴に差し込むだけでよい。

　しかし撤去、再設置が容易になったからといって圃場内に多数のフィールドサーバーを設置すると、畑の中を移動するだけでかなりの時間がかかってしまう。だからといって車で行きやすい圃場の横に設置すると、今度は雑草管理作業時の邪魔になる。ブームスプレーヤの邪魔にならないようにフィールドサーバーの丈を短くすることも可能だが、低くすると作物が繁茂したときに見えなくなる。もし設置した場所が分からなくなり圃場にサーバーを放置しておくと、管理作業や収穫時に農業機械に踏みつけられる恐れがあり、万一破損した場合には残骸が収穫物に混入するリスクがある。結論としてセンサーは、どこに設置しても邪魔なのである。

　この問題をICTのみで解決するのは容易でない。すぐにできる方法としては、データを収集しやすいように設計した圃場を生産圃場の一角につくるとよい（以下、データ収集自動化のために設計した圃場をデータファームと呼ぶ）。現在の大規模圃場は、機械作業に合わせて改善されてきた。もし昔の不定形の圃場のままで機械化しようとしたら、農業の機械化は相当遅れたに違いない。

　生育予測などを人工知能で行う場合、学習のために実測値（グランド・トゥルース・データという）が不可欠である。データファームはこれらを自動収集することが目的の一つである（**写真3**）。通常の圃場では環境のばらつきを抑え、生育を均一化することを目標としているため、収量などの形質や土壌水分など環境に関する変動幅は小さい。

　データファームのもう一つの目的は、周囲の生産圃場と異なる極端な状況におけるデータ収集を行うことである。通常の圃場は作物を生産することが目的であるが、データファームは有用なデータを自動生産する圃場である。得られたデータによって生育予測システム、雑草認識システムなどのアプリが機械学習によって自動生成されることから、データファームは人工知能アプリを量産する圃場でもあるといえる。

農場の一角に構築したデータファーム　Ver.1（2017年）

データファーム　Ver.2（2018年）。雑草認識システムをつくるため雑草の画像も収集

写真3　データファームの構築例

海外製品も続々登場

　フィールドサーバーはイーラボエクスペリエンス社（商品名「FieldServer」）およびパナソニックが製品化した（パナソニック製は製造終了）。その後、圃場環境モニタリング機器としてAGRink（イーソル）、e-kakashi（ソフトバンク）などが登場した。また、近年のIoTブームによって海外でもさまざまな製品が登場している。使い勝手や精度はさておいて、こういった製品を使えば圃場の環境情報を得ることができるようになった。

　今の時代、ハードウエアの価格は安くなる一方である。大量生産、薄利多売で勝負するビジネスは難しくなってきているほどである。とはいえハードウエアが安くなったとしても、ユーザーが環境情報の収集やビッグデータ解析を自分で行うのは面倒である。そのため、Googleの検索サービスのように無料で（あるいは安価に）、こういったサービスを提供できるようにしたいと考えている。そのとき、データファームは農家の副収入源になる可能性がある。

　ここで紹介した研究はJST、CREST、JPMJCR1512（フィールドセンシング時系列データを主体とした農業ビッグデータの構築と新知見の発見）の支援を受けたものである。

Ⅱ部 事例編

マップベース可変施肥

道総研十勝農業試験場　原　圭祐

マップベース可変施肥とは

マップベース可変施肥とは圃場の中の生育や土壌、収量などの情報から、どこにどれだけの量の肥料を散布するかを示した、いわゆる「施肥マップ」に基づき自動的に肥料を散布する技術である。
生育や土壌、収量を見る技術（センシング）と圃場の中の位置を認識する技術（GNSS）、自動的に施肥量を変えて肥料を散布する技術（電子制御式施肥機）が必要である。

何ができるか

・圃場の中の地力むらに対応した施肥が可能である。このため生育や収量、品質の高位平準化が期待できる。また、地域の標準や土壌診断値に対し過剰な施肥をしている場合には減収リスクを抑えた上での減肥が可能な技術である

圃場の中における作物生育や収量のばらつきをもたらす地力むらには、窒素成分、リン酸、カリウム、pH、微量要素などの化学性の他、石れきの有無や土質、排水性、起伏などさまざまな要因が存在する。これらの要因を細部にまで分析して、施肥などで対応するのが理想である。

可変施肥はこれらの土壌のばらつきに対応して適切な量の肥料を散布する技術であるが、現在実用化している可変施肥技術は窒素成分のみである。

マップベース可変施肥に必要な三要素

図1にマップベース可変施肥の概要を示す。
マップベースの可変施肥はあらかじめ作成した施肥マップに基づき施肥する方式であり、圃場の情報を取得する技術（センシング）、情報を解析する技術（ソフトウエア）、解析結果の通り実行する技術（機械）の三要素技術が必要である。

図1　マップベース可変施肥の概要

■圃場情報の取得

　圃場の地力むら情報の取得には生育センサー、土壌センサー、収量センサーなどが利用される。土壌センサーは土中の電気伝導度（硝酸態窒素や塩類濃度に反応）を計測する簡易なタイプと、チゼルで切削した土壌壁面に光を照射して土壌成分を計測するタイプ（土中光センサー）が市販化されている。電気伝導度を計測するタイプでは簡易で高速な計測が可能であるが、石の多少や土壌水分の影響を受けやすく、北海道の畑作地帯で土壌成分マップを作成するのは難しい。土中光センサーは計測に時間を要するが、サンプリングした数カ所の土壌分析結果と併せることにより多成分の圃場内のばらつきを推測することができる。

　収量については収穫機に取り付けたセンサーにより計測するタイプが市販化されているが、ビートハーベスタやポテトハーベスタでは石や土の影響で精度が安定しないのが現状で、国内ではコンバインのみが安定した計測が可能である。コンバインは国産機、輸入機ともにオプションとして収量計（水分計とセットで使用されることが多い）が搭載可能な機種が市販されており、測定精度はおおむね±5％である（Ⅰ入門編「収穫物センサー」参照）。

　生育のセンシングには作物が反射した可視～近赤外の光強度から作物の生育を示す指標が算出されるセンサー（Ⅰ入門編「生育センサー」参照）が使われ、トラクタ搭載型、ドローン搭載型、人工衛星搭載型がある。センシングにより算出された指標（植生指数）は作物の窒素含有量との相関が高い。

■センシング情報を解析するソフトウエア

　マップベース可変施肥では、土壌マップや生育マップ、収量マップなどのマップ情報から施肥マップへ変換するプロセスが重要である。図2は国内で実用化されたシステムで、ラジコンヘリコプターによるリモートセンシングを活用して施肥マップを作製する方式である。リモートセンシングにより土壌表層の腐植含有量を推定し、腐植の多い所から少ない所を含んだ複数点の土壌分析結果と照らし合わせて土壌の窒素成分マップを作成する。窒素成分マップから表1に示す各作物、各地域において参考とされている施肥ガイドなどの資料に基づき窒素施肥マップに変換する。

　なお、本システムは土壌のセンシングから施肥マップ作成までのプロセスを企業に委託する方式で、作成された窒素施肥マップを専

図2　土壌センシングベースの可変施肥（㈱ズコーシャのカタログより）

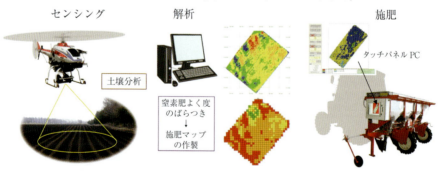

表1　土壌窒素と施肥量の関係（「北海道施肥ガイド」、てん菜の事例）

熱水抽出性窒素 （mg/100 g）	1 2	3 4	5 6	7 8	9
窒素施肥量 （kg/10 a）	24	20	16	12	8

用のタブレットを使用して可変施肥を行う。施肥機は4畦(けい)用の作条型およびブロードキャスタが利用できる。

図3は国内で市販化されたソフトウエアで、生育のセンシング情報から土壌窒素成分のばらつきを推定して施肥マップを作成する。土壌分析は不要だが、圃場の平均施肥量をユーザーが入力しなければならない。生育マップから施肥マップに変換する数式が内蔵され、平均施肥量と使用する肥料の窒素成分割合を入力した後はワンクリックで窒素施肥マップの作成が可能である（**図4**）。また、複数年または複数時期のセンシング情報を利用すると年次あるいは時期間で生育の良否が逆転するような場所やいつも生育が悪い所を抽出し、施肥量の増減対象から外すことも可能である。作成された施肥マップは自動操舵(そうだ)で使用されている端末で読み込むことができ、この端末で可変施肥も可能である。

図5は国内で商業化されている人工衛星か

図3　国内で実用化された生育センシングベースの可変施肥

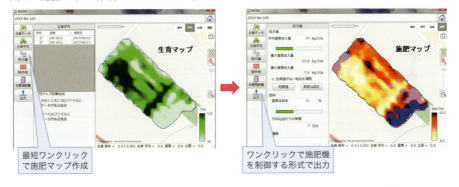

図4　施肥マップ作成ソフトウエア（㈱トプコン）

図5　衛星データを利用した施肥マップ作成サービス（スペースアグリ㈱）

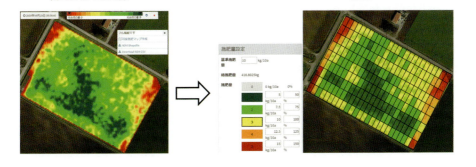

表2 直播てん菜に対する可変施肥効果

圃場	可変施肥実施時期	総窒素施肥量（kg/10 a）可変	定量	糖量 可/定
1	基肥	16.5（13.8-18.2）	17.5	111
2	基肥	17.8（14.8-20.1）	17.5	106
3	基肥	17.3（15.1-20.8）	17.5	98
4	追肥	13.3（11.4-14.8）	13.3	103
5	分施、追肥	12.8（11.0-16.3）	13.1	106
6	基肥	15.9（13.6-19.3）	16.0	109
7	分施	14.1（12.0-17.5）	14.3	107
平均		15.4	15.6	105.9

らの生育情報（NDVI）から可変施肥を行うシステムである（Ⅱ事例編・基盤技術「衛星リモートセンシング」参照）。施肥に使いたい日のNDVIマップを選択し、Webアプリケーションで施肥マップの作成を行う。施肥機の作業幅を入力するとそれに対応したメッシュのNDVIが5段階で作成され、ユーザーは5段階それぞれの施肥量を設定する。作成された施肥マップは自動操舵端末などで読み込み可能な形式で出力できる。なお、衛星データは晴れた日しか利用できない。

アメリカなどでは衛星リモートセンシングによる生育マップやコンバイン収量計により作製した収量マップを利用したマップベース可変施肥が行われている。この方式では、複数年の収量マップなどから、地力（収量ポテンシャル）を数段階に分類し、この分類に応じて土壌分析を実施して施肥マップを作成する。しかし、生育の良い所（収量ポテンシャルが高い所）に減肥する考え方と増肥する考え方があり、アメリカやオーストラリアなどの乾燥地帯では収量ポテンシャルの高い所へ増肥する方法が取られている。一方、ヨーロッパやアジアでは収量ポテンシャルの高い所よりも低い所へ増肥する方法が取られている。このように可変施肥は土壌だけでなく水環境にも影響されるため、地域の特性に応じた施肥マップ作成手法が開発されている。

■マップ施肥の実行

マップベース可変施肥は、トラクタに取り付けたGNSSで施肥機が施肥マップ上のどの位置にいるかを認識し、コントローラがマップで示された施肥量になるように施肥機を制御する。センサーベースではセンサーから出力される値に対してダイレクトに施肥機が制御されるため、必ずしもGNSSが必要ないのに対し、マップベースでは土壌や生育、収量などのセンサー情報を位置情報と結び付ける必要があるため、施肥マップの基となる情報取得時および施肥時にGNSSが必要となる。このため、現在普及が進んでいるGNSSガイダンスシステムと組み合わせた利用が現実的である。

直播てん菜で増収効果

表2に、図3のシステムで実施した直播てん菜の基肥あるいは分施の実証試験を行ったときの収量調査結果を示す。

てん菜基肥・分施における可変区の糖量は7事例中6事例で定量区より大きく、増収効果は平均で5.9％であった。圃場内の地点ごとの収量調査の結果、可変施肥では地力が低い箇所で施肥量が増量されることによる増収効果が認められた。

このようにマップベース可変施肥は施肥量の適正化や増収効果が期待されるが、現在実用化されているのは窒素可変施肥のみであり、今後は各種の蓄積されたセンシング情報を解析することにより、窒素以外の対応も可能になると考えられる。

Ⅱ部 事例編

センサーベース可変施肥

道総研十勝農業試験場　原　圭祐

センサーベース可変施肥とは

可変施肥では、作物生育や土壌の化学性を測定・判断し施肥量を決定する必要がある。センサーベースの可変施肥とは、作物の生育や土壌の測定をセンサーで行い、同時に施肥量を算出して施肥機を制御する施肥方法である。このため、センサーの精度や安定性が求められ、連続的に比較的精度良く測定可能な生育センサーが先行して複数機種実用化されている。

何ができるか

・マップベース可変施肥同様に圃場の中の生育むらに対応した施肥が可能である。マップベースと異なりあらかじめ施肥マップを作成する必要がないため、走行するだけでセンシングと施肥が実行できる
・センシングと同時の施肥なため、生育に応じて追肥量を変えることにより収量や品質の向上効果が期待できる小麦の追肥での活用が最も普及している。小麦での効果は倒伏の軽減、増収、子実タンパク含有率の平準化である

　圃場の中の生育や収量を平準化し、施肥量の適正化や増収を図るためには、各種の圃場情報から場所ごとの生育阻害要因に応じた的確な対応が理想である。ただし、複数のデータの取得や解析には時間やコストが必要なため、走行するだけで可変施肥ができるセンサーベースの要望は大きい。センシングが施肥と同時であるため、土壌あるいは生育を見るセンサーが使われ、トラクタなどの車両に搭載される。

　海外では小麦、コーンなど追肥が効果的な作物で利用されている。国内では主に小麦と水稲で利用されており、操作や構成要素が簡易であるため、マップベースよりも先行して市販化されている。

生育センサーの種類と特徴

■作物生育との関係

　作物は光合成に必要な赤波長の光をよく吸収し、近赤外線の光をよく反射する性質がある。生育センサーは、この特性を利用して作物の生育状態を示す指標値を出力する（Ⅰ入門編「生育センサー」参照）。図1に国内で市販されたCropSpecの出力値（S1）と小麦窒素含有量との関係を示す。トラクタ搭載型以外にもドローン搭載型や人工衛星搭載型など各種の生育センサーが実用化されているが、いずれも窒素含有量のような量（茎数や株数、草丈）と栄養状態（窒素含有率）を掛け合わせた指標との相関が高いことが知られている。

図1 CropSpec出力値と小麦窒素含有量の関係

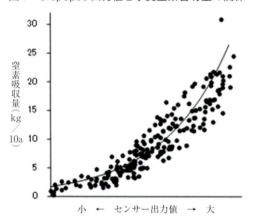

写真3 トプコン社のCropSpec

写真1 YARA社のN-sensor（受動型）

写真4 Trimble社のGreenSeeker

これを解決するために自らが光を照射し、その反射光を測定する能動型のセンサーが開発された（**写真2**、N-sensor ALS）。しかし、これらのセンサーは海外では700台程度導入されているが、国内では試験的に持ち込まれたのみである。

写真3は国内で初めて市販化された可変施肥のための生育センサー（CropSpec、トプコン社製）である。レーザーを光源とする能動型であるため、日射変動の影響を受けない。**写真4**はスプレーヤのブームに取り付けて使用する生育センサー（GreenSeeker、Trimble社製）、**写真5**は専用のフレームに設置して使用する生育センサー（ISARIA、FRITZMEIER社製）でいずれも能動型である（**表1**）。

写真2 YARA社のN-sensor（能動型）

■ 市販化されているセンサー

写真1は、海外で最初に市販化されたセンサーベース可変施肥のための生育センサー（N-sensor、YARA社製）で作物が反射した太陽光を測定して作物生育を診断し、施肥量を算出する。太陽光に依存した受動型センサーであるため、日射環境により値が変動する。

各センサーで使用されている波長や出力される生育指標値はさまざまであるが、特に赤波長と近赤外波長で計算されるNDVIを出力

写真5　FRITZMEIER社のISARIA

するセンサーでは、作物が地表面を覆う生育後半で値の変化が鈍いとされており、小麦の止葉期や馬鈴しょの開花期などでの適用は効果が小さい場合があることに注意する必要がある。なお、トラクタ搭載型の生育センサーを使用したセンサーベース可変施肥では、センサーがある程度の視野を持つため、ブロードキャスタなどの散布幅の大きい施肥機が利用される。このため、数m程度の狭い範囲で生じる生育むらには対応できない。GreenSeekerは視野範囲が狭いため、セクションコントロール機能のあるブームスプレーヤにより除草剤の局所施用や葉面散布で使用される。

■ 追肥用の処方箋

　センサーベース可変施肥ではあるセンサーの値（基準値）に対してどれだけの施肥量を施すかを、あらかじめ設定する必要がある。この設定をすると、追肥時に自動的に生育の基準値に対してどの程度生育が良いか悪いかを判断して施肥量を加減する。

　国内で実用化されたCropSpecは北海道の小麦に適した施肥量算出式が組み込まれており、止葉抽出期前までの時期ではセンサー値と小麦窒素吸収量の関係と時期ごとの施肥効率から施肥量を算出する。止葉抽出期以降ではセンサー値と小麦窒素吸収量の関係から子実タンパクの差分を推定し、これに単位窒素追肥当たりの子実タンパク上昇程度から施肥量を算出する。すなわちセンサー値からこのまま追肥をしなかった場合、子実タンパクが基準点に比較して1％低くなると推定された箇所では、子実タンパクが1％上昇するのに必要な施肥量が上乗せされる仕組みである。

　小麦以外の畑作物に対しては追肥場面が限定されるため、センサー値と施肥量の関係式を固有の算出式として組み込んでおらず、センサー値と施肥量の関係式の傾きを任意に設定することにより可変施肥が可能である。

　なお水稲については本州において穂肥可変追肥用の処方箋が組み込まれている。

土壌センサーベースの可変施肥

　土壌成分を測定するセンサーは国内においても開発されているが、リアルタイムで測定結果に基づき施肥をする技術は畑地用では研究段階である。

　図2は、国内で開発された土壌センサーベースの可変施肥機である（Ⅱ事例編・稲作「スマート追肥システム」参照）。土壌成分の測定は水分や石れきなどの影響で誤差が大きく、畑地では難しいが、水張りした水田では比較的安定した測定が可能である。本機は田植え機の前輪に電極センサーを設置して電気伝導度を、超音波センサーにより作土深を測定して、土壌の肥沃度を計測する仕組みである。この結果に基づき後方の側条用施肥機の

表1　能動型センサーの諸元

センサ種類	N-sensor ALS	CropSpec	Isaria	GreenSeeker
光源	キセノンフラッシュランプ	レーザー	LED	LED
設置位置	トラクタキャビン	トラクタキャビン	トラクタフロントリンケージ	スプレーヤブーム
測定高さ	トラクタ高	2〜4 m	0.8〜1.0 m	0.8〜1.2 m
使用波長	可視-近赤外 2波長	近赤外 2波長	可視-近赤外 4波長	可視-近赤外 2波長

図2 土壌センサーベース可変施肥が可能な田植え機

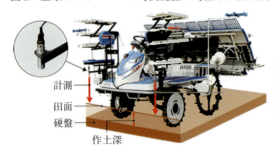
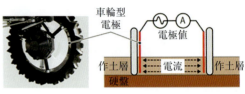

出典：井関農機ホームページより

繰り出し量を制御する。

センサーベース可変施肥の効果

表2に国内で実施されたセンサーベース可変施肥の効果を示す。水稲は本州の結果だが、作土が厚く田植え機が沈む箇所で減肥することにより倒伏の軽減や増収効果が報告されている。馬鈴しょでは主にでん粉原料用品種で、でん粉収量の増収効果が示されている。

小麦のセンサーベース可変施肥の実証試験は数多く行われている。表3は北海道内で行われたセンサーベース可変追肥の実証試験結果で、収量はコンバインで収穫しトラックスケールで測定した実規模でのデータである。

同じ圃場内に可変施肥区と定量施肥区を設置し、平均施肥量はほぼ同じになるように実施した結果、可変追肥の増収効果は4.8％であった。可変追肥では生育の良い箇所で自動的に施肥量が減らされるため、倒伏の軽減が図られる。このため、倒伏程度が大きい年次でとりわけ製品歩留まりの向上による増収効果が報告されている。民間流通の品質評価項目となっている子実タンパクは、全ての事例で圃場内のばらつき（最大－最小）が軽減した。

以上のように、窒素追肥が有効な作物あるいは倒伏が発生しやすい作物において、センサーベース可変施肥は安定多収と品質の平準化を実現する栽培技術として有効である。今後、圃場ごとに実践データが記録・蓄積されることで、より的確な追肥量の判断が可能になると推察される。

表2 国内におけるセンサーベース可変施肥の効果

作物	時期	効果
小麦	幼穂形成期～開花期	倒伏軽減、収量増、製品歩留まり向上、タンパクの平準化、過剰な施肥量の抑制
水稲	節間伸長期	倒伏軽減、収量増、タンパクの平準化、過剰な施肥量の抑制
馬鈴しょ	着らい期～開花始め	収量増、過剰な施肥量の抑制

表3 北海道における小麦可変追肥の効果

年次	品種	定量区収量(kg/10a)	可変区収量の定量区比	子実タンパク含有率（％）			
				平均値		最大－最小	
				定量	可変	定量	可変
2003	ホクシン	604	101	10.8	10.4	2.5	1.5
2004	ホクシン	665	105	11.3	11.5	1.1	0.6
2005	ホクシン	538	111	12.0	11.8	2.1	1.3
2010	ホクシン	299	109	13.4	13.5	3.5	1.8
2010	きたほなみ	267	101	13.0	12.9	3.5	2.6
2010	きたほなみ	227	110	11.9	12.7	3.0	0.6
2011	きたほなみ	487	102	11.3	11.5	2.0	0.4
2011	きたほなみ	517	102	11.5	11.1	3.1	1.8
2011	きたほなみ	621	102	11.0	11.2	1.3	0.4
2014	ゆめちから	520	106	18.2	17.6	1.0	0.8
平均		572	104.8	12.4	12.4	2.3	1.2

Ⅱ部 事例編

収量予測システム

道総研中央農業試験場　杉川 陽一

収量予測システムとは

　作物、気象、土壌などのデータから収量を予測するPCソフトや端末用アプリ、Web上で動作するシステムを指す。従来は温暖化などの気象変動の影響の評価に用いられることが多かったが、近年はリアルタイムの予測結果を栽培管理や流通計画などに活用する試みも見られる。

何ができるか

・収穫前に収量を大まかに予測できる
・入力するデータを工夫することで、さまざまな条件での収量シミュレーションが可能
・理論上の最大収量と実収量を比較することで、無理のない目標収量の設定や栽培管理の見直しなどに活用できる

　収量予測システムとは、文字通り作物の収量を予測するシステムである。システムに作物や気象、土壌などのデータを入力すると、それらの条件から予測される収量が出力される。従来のパソコン上で動作するソフトに加え、携帯端末やWeb上で動作するものも登場しつつある。

　収穫前に収量が予測できれば、栽培管理の意思決定や流通計画策定などに活用することが可能になる。しかし、これまでは予測に必要なデータの入手法が限られることや、システムの利用に専門的な知識が求められることが多く、収量予測は温暖化などの気象変動が農業に与える影響を評価するのに用いられることがほとんどであった。

　これに対し、近年は各種データの入手が容易になったことに加え、システムがユーザーに扱いやすいように改善されたことで、リアルタイムの予測結果を営農への活用につなげる環境が整いつつある。本稿では、道内で作付面積の多い秋まき小麦の収量予測を中心に述べる。

作物の一生をコンピューター上で再現

　北海道では、作物生育モデルの一つであるWOFOST（ウォーフォスト、詳しくは後述）を用いた秋まき小麦の収量変動評価・予測法が開発されている。作物は出芽後に日射を受けて光合成を行い、同化産物を用いて自身の体を成長させ、やがて結実して種子を残す。作物生育モデルはこのような作物の一生、またはその一部をコンピューター上で再現する。作物生育モデルに作物データ、気温や日射量などの気象データ、水分保持力や養分保有量などの土壌データを入力すると、それら生育条件に応答した作物の日々の状態（生育ステージや乾物重、収量など）がシミュレートされる。

　気象データから小麦の生育・収量が計算されるイメージを**図1**に示す。気温を積算する

図1　気象データから生育・収量をシミュレートする作物生育モデルのイメージ

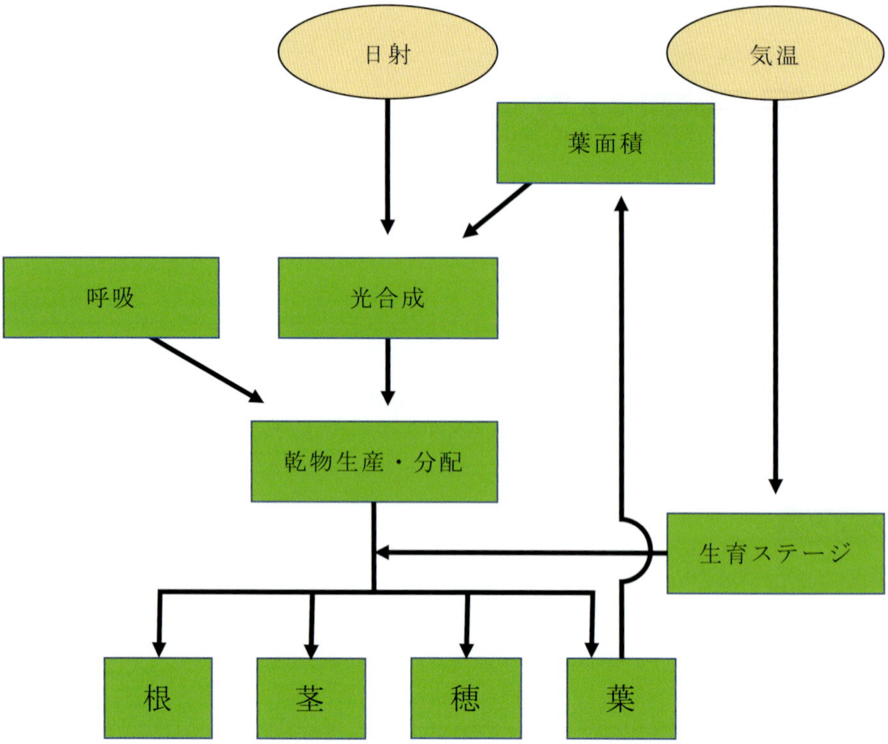

ことで生育ステージが進み、出穂・開花し、やがて成熟する。日射による光合成量が計算され、そこから呼吸量を差し引いた残りが葉や根、茎や穂に分配される。分配の割合は生育ステージによって異なり、生育初期は葉や根への分配量が多いが、節間伸長期は茎に、開花後は穂に重点的に分配されるようモデリングされている。葉に光合成産物が分配されると、葉の面積が大きくなって受光量が増え、光合成量が増加することも再現される。生育ステージが成熟期となった時点での穂の乾物重が収量に相当する。

作物生育モデル「WOFOST」

収量予測に用いるWOFOST（WOrld FOod STudies）は、オランダのワーゲニンゲン大学で開発された作物生育モデルである。以前はMS-DOS上で動作するソフトであったため扱いづらい面もあったが、現在ではWindows上でマウスやキーボードで操作できるバージョンが開発されている。

WOFOSTを起動すると、**図2**のような画面が表示される。画面上で作物、気象、土壌、シミュレートする期間を選択して計算を実行すると、予測結果が表示される。シミュレート結果はエクセルに出力することもできる。作物や気象、土壌データはあらかじめ用意する必要があるが、WOFOSTを北海道秋まき小麦に適用する場合の関連データファイルは道総研農業研究本部より提供可能である。

ポテンシャル収量を参考に目標設定を

WOFOSTは、ある気温・日射条件の下で理論上達成できる最大収量である「ポテンシャル収量」を計算できる。実際の収量予測には、ポテンシャル収量と過去の実収量を用いる。

ポテンシャル収量の計算に用いる作物データは、最も作付けの多い「きたほなみ」に基

図2 WOFOST画面(上:気象データの選択、下:シミュレート結果)

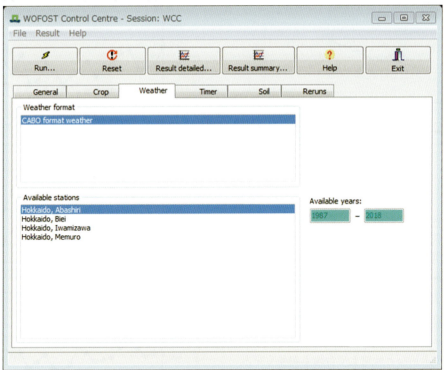

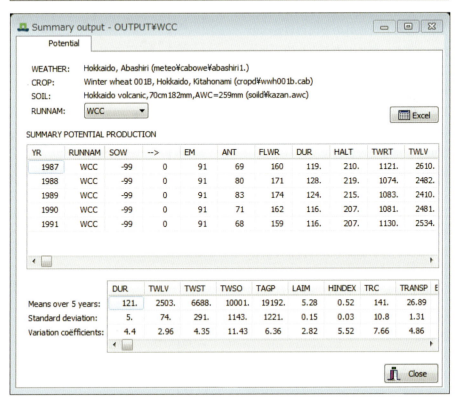

図3 麦作共励会収量とポテンシャル収量の年次推移

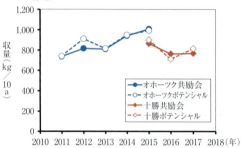

づいて設定した。本設定で計算されたポテンシャル収量は十勝・オホーツク地域の複数年の麦作共励会表彰事例とほぼ一致する（**図3**）。また、十勝やオホーツクのポテンシャル収量と実収量（統計収量）の変動パターンは、きたほなみが普及した2011年以降でよく一致している（**図4**）。

空知や上川など低地土や台地土が多くを占める地域では両者は一致しにくく、これは土壌水分など気温や日射以外の要因の収量への影響度合いが大きいためと考えられる。どの地域も実収量がポテンシャル収量より低いが、これはポテンシャル収量が理論上の最大収量であるのに対し、実際の栽培場面では干ばつ・過湿などの水ストレスや養分の過不足、病害虫・雑草などの影響を受けるため、最大収量から減収するためである。

ポテンシャル収量と実収量の差が小さいに超したことはないが、過大な目標収量の設定は生産を不安定にするため、ポテンシャル収量を参考に無理のない範囲で目標収量を設定することが重要である。

きたほなみが普及した11～18年について、実収量とポテンシャル収量の比（ポテンシャル収量比＝実収量÷ポテンシャル収量×100）の年次推移を**図5**に示した。100に近づくほど、先に述べた減収要因が少なかったことを表す。各地域の8カ年の平均は十勝69％、オホーツク63％、空知54％、上川

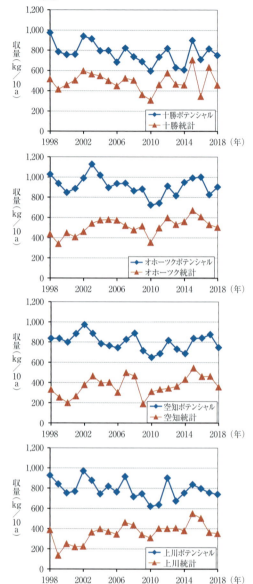

図4 地域別ポテンシャル収量と統計収量の年次推移

図5 地域別ポテンシャル収量比の年次推移

図6 予測収量と実収量の比較

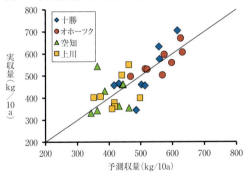

図7 収量予測のフロー

①過去複数年の実収量を整理する
　↓
②実収量を整理した年のポテンシャル収量を計算する
　↓
③実収量を同年のポテンシャル収量で割り、過去複数年の値を平均する
　↓
④計算した当年のポテンシャル収量に③で求めた値を掛ける

56％である。年による振れ幅があり、大きく変動した年は栽培管理において何らかの良い点または悪い点があったと考えられる。

さまざまな気象で収量シミュレーション

　収量予測は、予測したい当年のポテンシャル収量にポテンシャル収量比の過去複数年平均を掛けて求める（予測収量＝当年ポテンシャル収量×複数年のポテンシャル収量比平均）。今回は前述した各地域8カ年平均である、十勝69％、オホーツク63％、空知53％、上川55％の値を用いて、11～18年における、先述の式から求めた予測収量と実収量の比較を図6に示した。1：1の直線に近いほど予測精度が良いことを示す。収量予測は誤差を含むため、事前にどの程度の精度で予測が可能か検証を行う必要があるが、減収要因の少ない十勝やオホーツクでは、収量の多寡の判断材料にできる。

　収量予測の流れを再度まとめると、図7の通りとなる。実際の収量予測場面では予測時点から成熟までの気象が確定していないため、ポテンシャル収量の計算には予測時点前日までの気象観測データと、予測時点以降の平年に相当する気象データを入力する必要がある。予測の時点で、以降に高温が予想されている場合はWOFOSTに入力する気象データの気温を1℃高くするのなどの対応を取るとよい。用いる気象データを工夫することで、さまざまな気象条件での収量シミュレーションが可能となる。

■他作物の事例

　本稿では小麦の事例について述べたが、本州ではレタスやキャベツ、トマトなどの野菜において、収量予測を営農管理に反映させる取り組みが進められている。出荷量の調整や、シミュレーションによる栽培環境の改善などに活用される。

営農支援システムなどとの連携に期待

　収量予測の営農への活用は始まったばかりであり、今後さらなる発展が期待される。今回紹介したWOFOSTを用いる収量予測を行うには過去の収量データの整理やWOFOSTの実行が必要となるが、営農支援システムなどとの連携により、収量データの整理や予測の自動化が進めば利便性が飛躍的に向上する。また、気象データにメッシュデータを利用することで、圃場単位などより詳細な予測につながる可能性がある。適用作物が拡大するとともに、収量予測システムの営農への活用が進むことが期待される。

ニューカントリー2018年秋季臨時増刊号

北海道の耕地雑草 ハンドブック

越智　弘明　著

A5判　オールカラー　424頁
定価3,619円＋税　　送料205円

　北海道の水田雑草30種、畑地雑草114種の名称、世代交代の周期、生育の特徴等を紹介します。草種の判別の際に役立つよう、雑草の成長段階による姿の変化にも豊富な写真の掲載で対応、また現在よく目にする要注意の草種の他、今後侵入が危惧される草種も取り上げます。
　類似種との見分け方や繁殖方法も解説、雑草防除の手がかりとして、大いに参考となる1冊です。

ニューカントリー2017年秋季臨時増刊号

新・北海道の病害虫 ハンドブック全書

監修　堀田　治邦
（道総研中央農業試験場病虫部長）

A5判　オールカラー　432頁
定価3,619円＋税　　送料205円

　北海道の水稲・畑作物・野菜・果樹に見られる主要病害219項目、害虫126項目を掲載。発病の様子や多発しやすい条件、対策などのポイントを、カラー写真で分かりやすく紹介します。生産現場への持ち込みに便利なA5判サイズ。経営の大規模化により作物の詳細な観察が困難となる中、手遅れになる前に、病害虫を大まかに調べられるツールとして、本書をご活用ください。

株式会社　北海道協同組合通信社
デーリィマン社　　管理部

☎ 011(209)1003
FAX 011(271)5515
e-mail　kanri＠dairyman.co.jp

※ホームページからも雑誌・書籍の注文が可能です。http://dairyman.aispr.jp/

Ⅲ部　研究編

- スマート育種 …………………… 188
- スマートフードチェーン ……………… 193
- 除草ロボット ……………………… 197
- マルチロボット …………………… 201
- 欧米における畑作用小型ロボット ……… 204

Ⅲ部 研究編

スマート育種

農研機構次世代作物開発研究センター　石本 政男

スマート育種とは

栽培法や環境、表現型、遺伝子型など育種に関連する多様で複雑なデータを蓄積し、活用して行う育種のこと。目的とする特性を有する品種開発のための交配親の組み合わせや選抜工程など育種戦略の最適化を支援する。また、画像解析やセンサーによる形質評価技術の導入により、作物の能力の最大化を実現する。

何ができるか

・育種ノウハウのデータ化による技術継承と高度化
・形質評価の自動化による作業者の負担低減と客観性の確保
・育種戦略の最適化と意思決定支援
・育種技術のパッケージ化による新規参入の促進

「育種」とは何か

■作物の遺伝的性質を改良

この本の読者は何らかの形で農業と関わっているので遠回りとは思うが、スマート育種を説明する前に「育種」の話から始めたい。植物育種学辞典をひもとくと、育種とは「人間が希望する方向へ生産機能を改変し、これまでにない新しい有用な遺伝子型を持った生物集団を創造するための操作技術」とある。専門辞典のためか、難しくてすんなりとは理解できない。広辞苑には「作物の遺伝的性質を改良すること」とある。では「遺伝子型」や「遺伝的性質」とは何だろうか。

農業は、有史以前から人間にとって最大の仕事である食料の調達を効率化し、それ以外の活動に従事することを可能にした。現代の私たちの食卓にさまざまな食材が利用され、空腹を満たすばかりか、日常的に食の楽しみを提供してくれる。米、麦類、豆類、野菜や果物、これら管理された田や畑で栽培される作物はほぼ全て「育種」されたものである。

人類は、農耕以前の狩猟採集時代から生活圏に生存する生物を巧みに利用してきた。食べ物として利用できる植物の種子や果実、葉やいもを採取し、時として種子やいもなどは居住地の近傍で芽生え、選ばれていったと考えられる。そして、農耕や牧畜により定住して食料を確保する基盤が確立されていった。意識的あるいは無意識的に絶えず繰り返される選抜によって、やがて野生種とは形態や生理特性が大きく異なる作物（栽培種）が成立し、農耕を支える基盤となった。この栽培化、あるいは作物化という過程で、例えば種子や果実、根など利用部位の巨大化、発芽や登熟の斉一化など農業に適した特性を持つようになっていった。しかし、作物の成立過程では「育種」はもとより「遺伝」という概念

は存在しなかった。その後も、子が親に似るという現象「遺伝」は、経験的に知られ、優れた親を掛け合わせることにより、家畜や園芸作物の改良が行われるようになっていった。しかし、この遺伝現象を科学的に説明できるようになるには19世紀半ばのメンデルの登場まで待つことになる。

■ メンデルが導いた交雑育種法

メンデルはエンドウの種子の色、種子の形、花の色などの特徴（表現型＝形質）がどのように子孫に伝わるかを調査した。その結果から、有名なメンデルの3法則、「優性の法則」「分離の法則」「独立の法則」を明らかにした。メンデルの法則は、遺伝子情報（遺伝子型）とそれによって外面に現れた特徴である表現型との関係を合理的に説明する画期的な概念であり、遺伝子の存在や遺伝子の媒体としての染色体の挙動などをうまく説明し、その後の遺伝学や現在の分子生物学の進歩を導いた。同時に、異なる特徴を持った品種・系統間を掛け合わせること（交雑）によって、両親の望ましい特徴を併せ持った品種をつくり出せることを示し、交配に用いる親の選定や目的とする形質の分離の予測などを可能にした。これら一連の「操作技術」は交雑育種法（**図1**）と呼ばれ、現在、イネをはじめさまざまな作物において最も基本的かつ有効な育種法として使用されている。ただ、この段階では遺伝子の実体は不明であり、形質と関連する記号（シンボル）にすぎなかった。

DNAマーカー育種とゲノム育種

■ 明らかになる作物の「設計図」

植物や動物は両親に由来する染色体を1組ずつ持っている。この1組の染色体全体あるいはその全ての遺伝情報のことをゲノムと呼ぶ。遺伝を担う物質はDNA（デオキシリボ核酸）と呼ばれ、4種類の部品（塩基）があり、その並び方が表現型に関わるタンパク質

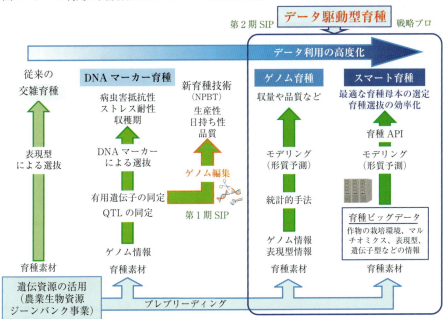

図1　データ利用の高度化によるスマート育種の実現

※各用語については本文を参照。矢野昌裕博士の原図より改変

の構造を決めている。そのため、ゲノム情報はしばしば生物の設計図と説明される。2004年にイネ品種「日本晴」の全ゲノム配列が解読されて以降、作物によって情報の精粗の差はあるものの、さまざまな作物のゲノム配列が明らかになってきた（**図2**）。

　設計図が分かったのだからと、すぐにゲノム情報を使って作物を改良できるように思われがちである。しかし、部品の並び方が分かっただけで、どの部分の配列がどのような表現型と関わっているのかが分かるわけではない。そこで、表現型を決めている遺伝子（あるいは領域）とその遺伝子型を特定する作業が必要となる。

■**DNA配列の違いを標識に利用**

　遺伝情報は染色体に分かれて保持されている。イネは12組（対ともいう）24本の染色体を持つ。異なる染色体に乗っている遺伝子は、独立して子孫に伝わるが、同じ染色体に乗っている遺伝子は共に子孫に伝わる。このような現象を連鎖という。ところが、減数分裂の際に対となっている染色体の間で乗り換えという部分交換（遺伝的組み換え）が起きる。この組み換えの頻度は遺伝子の距離に比例する。すなわち、遺伝子が近ければほとんど組み換えは起こらないし、遠ければ別の染色体に乗っているかのように独立して振る舞う。この現象を利用して、目的とする遺伝子の位置、配列を特定する解析がさまざまな作物で進められてきた。さらに耐冷性や開花期などのように、複数の遺伝子や環境要因が複雑に作用する量的形質の遺伝子座（QTL：Quantitative Trait Loci）についても解析手法が開発され、DNA配列の違いを標識（マーカー）として利用した選抜が交雑育種に導入されていった（DNAマーカー育種、**図1**）。

　現在、品種育成に利用されているDNAマーカー情報は農研機構のサイト（http://www.naro.affrc.go.jp/genome/database/index.

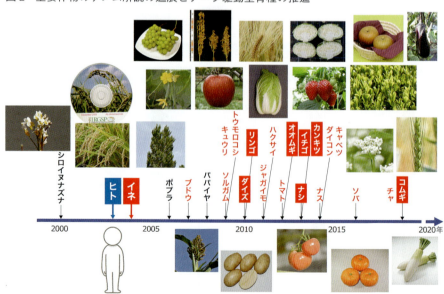

図2　主要作物のゲノム解読の進展とデータ駆動型育種の推進

※農研機構においてデータ駆動型育種を推進中あるいは推進予定の作物を赤字で示す。また、戦略的イノベーション創造プログラム（SIP）第2期「『データ駆動型育種』の構築とその活用による新価値農作物品種の開発」における対象作物を白抜きで示す

html）から入手可能である。また、表現型との関連が特定された遺伝子の情報は、ゲノム編集の標的として利用することができる。

第1期戦略的イノベーション創造プログラム（SIP）では、生産性や日持ち性、品質などを制御する遺伝子の情報が新たな育種技術（NPBT：New Plant Breeding Techniques）の確立や素材開発に利用された。

ヒトやイネなど初期のゲノム解読には巨額な予算が投入された。近年、ゲノム解析技術の革新が進み、低コストかつ短時間に全ゲノム情報の取得や比較が可能になった。同じ作物であってもさまざまな品種が存在するように、品種や遺伝資源によってゲノム配列は部分的に異なっている。そこでゲノム全体の遺伝子型（DNAマーカー）情報を使って、品質が高い、収量が多いといった表現型を予測し、目的の表現型を持った個体や系統を選抜するゲノミックセレクションの品種育成への適用が進められている（ゲノム育種、**図1**）。

加速する研究開発

■「育種家の経験と勘」への依存から

ゲノム情報の高度化に歩調を合わせる形で、さまざまな作物で表現型から遺伝子型による選抜への置き換えが進みつつある。しかし、これらはあくまで従来の交雑育種のアドオン（拡張）のような位置付けであり、100年以上続く交雑育種システムそのものの革新には結び付いていない。すなわち、育種過程の各段階の重要な選択の多くが、いまだに「育種家の経験と勘（ひらめき）」に依存しているのが現状である。

そこで、育種関連データをゲノム情報とひも付けることにより、経験を知識として蓄積・共有するとともにデータとして分析し、育種戦略を立てる「スマート育種」の実現を目的に、2018年から2つのプロジェクトが開始された。第2期SIPでは研究開発課題「『データ駆動型育種』の構築とその活用によ

図3　SIP第2期「『データ駆動型育種』の構築とその活用による新価値農作物品種の開発」の研究目的と研究体制

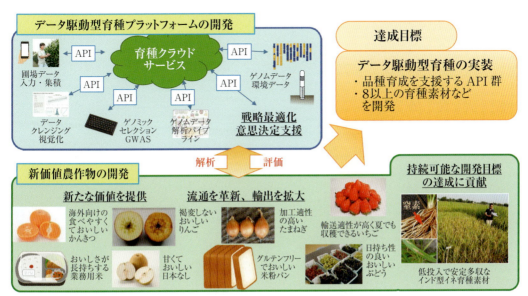

る新価値農作物品種の開発」（**図3**）が、また、農水省戦略的プロジェクトでは「民間事業者等の種苗開発を支える『スマート育種システム』の開発」が設定された。

これらのプロジェクトでは、①有用遺伝子の同定と遺伝子型による効果の程度をカタログとして整備②ゲノム全体の遺伝子型情報や各種形質情報などの育種ビッグデータの整備③データを可視化し育種戦略を支援するアプリケーションプログラミングインターフェース（API）群の開発④具体的な育種目標を対象にスマート育種を実施し、評価、検証―を行う。

■ 多様化するニーズに応じた品種開発へ

スマート育種では、育種関連データの再利用を前提に環境、栽培、遺伝子型、ゲノム、表現型などの育種関連データを蓄積する。今後の項目の増加や多様な作物にも対応するには、柔軟なデータマネジメントシステムが必要である。また、作業性の向上と客観性の担保のためには人間の目に代わる各種形質の計測技術が必要である。これらを拡充する目的で、2019年から官民研究開発投資拡大プログラム（PRISM）において「次世代栽培システムを用いたスマート育種技術開発の加速」が開始された。

以上のように、スマート育種技術の開発はまだ緒に就いたばかりである。今後、スマート育種の導入により、育種ノウハウのデータ化や活用、形質評価の自動化による作業者の負担低減と客観性の確保、育種戦略の最適化と意思決定支援などを通じ、国内外の多様化するニーズに対応して、迅速に「希望する方向へ生産機能を改変し、これまでにない新しい有用な遺伝子型を持った」品種の開発を実現する。

【参考文献】
1) 鵜飼保雄・大澤良編著（2010年）「品種改良の世界史」悠書館
2) ジャン・ドゥーシュ著・佐藤直樹訳（2015年）「進化する遺伝子概念」みすず書房

Ⅲ部 研究編

スマートフードチェーン

農研機構農業技術革新工学研究センター　菅原 幸治

スマートフードチェーンとは

フードチェーンとは食品の生産から加工・流通・販売、そして消費に至るまでの一連の段階や活動のことである。スマートフードチェーンとは、ICTを中心とする先端技術を活用した情報の相互利用、すなわちスマート化によって食品の需給バランスの最適化や食品供給のさらなる精密化、効率化、省力化などが実現されたフードチェーンである。

何ができるか

・国内の労働力減少に対応するべく、農林水産業における生産性を飛躍的に向上
・効率的で省力的な生産・流通、国産農林水産物・食品のブランド力向上による、農林水産業・食品産業の競争力強化
・市場ニーズに合わせた機動的かつ最適な生産・流通を通じて、フードチェーン全体における食品ロスを削減、生産・流通現場の労働時間を削減
・以上により、わが国および世界の食料安定供給に大きく貢献する

政府が推進、ICT活用した生産体制へ

政府の総合科学技術・イノベーション会議が策定した2016〜20年度の第5期科学技術基本計画では、「未来の産業創造と社会変革に向けた新たな価値創出の取り組み」の一つとして、世界に先駆けた「超スマート社会」（Society 5.0）の実現が掲げられている。サイバー（仮想）空間とフィジカル（現実）空間が高度に融合した「超スマート社会」を未来の姿として共有し、その実現に向けた一連の取り組みを「Society 5.0」と呼び、そのために共通的なプラットフォーム「超スマート社会サービスプラットフォーム」の構築が必要であるとされている。この中で、農林水産業・食品産業に関わるシステムとして掲げられているのが「スマートフードチェーンシステム」である。

スマートフードチェーンシステムとは「ICTを活用し、国内外の多様化するニーズなどの情報を産業の枠を超えて伝達することで、それに即した生産体制を構築し、さらには商品開発や技術開発（育種、生産・栽培、加工技術、品質管理、鮮度保持など）にフィードバックし、農林水産業から食品産業の情報連携を実現するシステム」とされている（農林水産戦略協議会、図1）。

本システムの構築により、ニーズオリエンティッド（製品開発などで要求を基に開発を促進していくこと）な農林水産物・食品の提供、その特長を生かした商品のブランド化によるバリュー（価値）の創出が可能となる。生産者の持つ可能性と潜在力を引き出し、ビジネス力の強化やサービスの質を向上させる

図1 スマートフードチェーンシステムの構築の概要

生産から流通、加工、消費までデータの相互活用が可能な
「スマートフードチェーン」を構築

生産（川上）	流通・加工（川中）	販売・消費（川下）
（生産・収穫・選別）	（集荷・輸送・貯蔵・加工）	

スマートフードチェーンの構築により可能となる取り組み例

廃棄ロスのない
計画生産・出荷

高精度な出荷・需要予測

消費者・実需者
ニーズに合った生産
計画などを提示

消費者行動分析などに基づく
生産・作業計画支援

最適な輸送
手段・ルート
などを提示

生産情報と受発注・在庫情報に基づく
最適な集荷・発送ルートの選定

（農林水産省提供資料より引用）

ことにより、競争力の高い持続可能な農業経営体を育成することが可能となる。農林水産業を成長産業へと変革し、国内総生産の増大に貢献することが期待される。

スマートフードチェーン構築の動向

第5期科学技術基本計画に対応して、国立研究開発法人農業・食品産業技術総合研究機構（以下、農研機構）では、わが国の目指すべき新しい社会「Society 5.0」の農業・食品版として、大きく6つの研究課題に重点的に取り組んでいる。その一つとして「輸出も含めたスマートフードチェーンの構築」を掲げている。

また、内閣府の戦略的イノベーション創造プログラム（SIP）第2期「スマートバイオ産業・農業基盤技術」において、農研機構を代表機関としたコンソーシアムによる研究課題「生産から流通・消費までのデータ連携により最適化を可能とするスマートフードチェーンの構築」（2018〜22年度）が採択され、現在、研究開発を進めている。この研究課題では、生産から加工、流通、販売、消費、輸出までの情報を産業の枠を超えて共有するデータプラットフォームの整備、ニーズに的確に対応した生産・供給を可能とする技術開発により、生産性の飛躍的向上を実現するスマートフードチェーンシステムを構築する。

具体的には、「農業データ連携基盤（WAGRI、I入門編参照）」を活用し、流通過程において生産から消費まで情報を双方向につなぐ情報伝達システムを構築するとともに、国内外の生産・需要のマッチング技術、需要に応じた出荷を可能にする生産技術などを開発する。また、作物の生育情報・土壌などのデータや環境予測に基づいたフィードフォワード（未来に向けた解決策）型栽培管理の技術など、データ駆動型のスマート生産を実現する技術・システムを開発する。さらに、生産、流通、消費までを含めた関連企業、農業者の参加を得た実証実験により、その有効性を実証（食品ロス10％削減、生産現場における労働時間30％削減など）することにより、社会実装を可能にすることを目標にしている。

以上、SIPの研究課題については、農研機構生物系特定産業技術研究支援センターのWebサイト（http://www.naro.affrc.go.jp/laboratory/brain/sip/sip2/index.html）を参

照していただきたい。

露地野菜の出荷予測システムを開発

国内のキャベツやレタスなどの露地野菜生産においては、加工・業務用需要の増加とともに生産者や出荷団体と実需者との間で契約取引が増加している。契約取引では定時・定量出荷が求められることが多いが、露地栽培では気象条件によって生育日数や収穫量が変動しやすい。そのため収穫直前にならないと出荷時期や出荷数量を正確に把握できないという問題があった。そこで農研機構では、契約取引の安定化を図るために作付け圃場ごとに作付け記録と気象データと生育モデルに基づく生育シミュレーションを行い、それらを集計して出荷団体における週別の出荷数量を算出する「出荷予測アプリケーション」（以下、アプリ）を開発した（**図2**）。

アプリの主な機能は、オンライン気象データの取得、作付け記録と生育モデルによる圃場別の生育シミュレーション（収穫日・収穫量予測）、その結果の集計による出荷団体での週別出荷数量の算出からなる。なお、気象データとして農研機構による「メッシュ農業気象データ」を用いている。本アプリを利用した出荷予測に加え、生育調査や圃場画像モニタリングによる予測結果の補正を行うことで、出荷予定の2～4週間前に出荷団体から取引先の実需者に出荷予測情報を提供することが可能となる（**図3**）。そのような運用を含めて「出荷予測システム」としている。

露地野菜の出荷予測システムについては、こちらのWebサイト（http://cse.naro.affrc.go.jp/sugak/yasai/）を参照していただきたい。

前述のSIPのスマートフードチェーン研

図2 露地野菜の出荷予測アプリケーション（アプリ）の概要

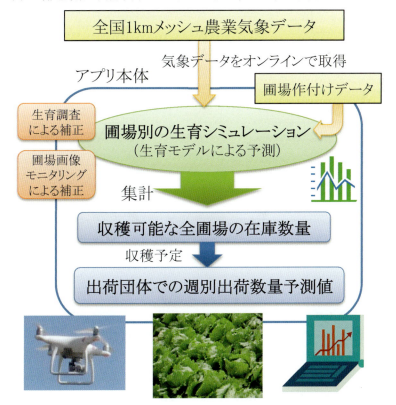

図3　アプリの運用による出荷予測と業務の手順

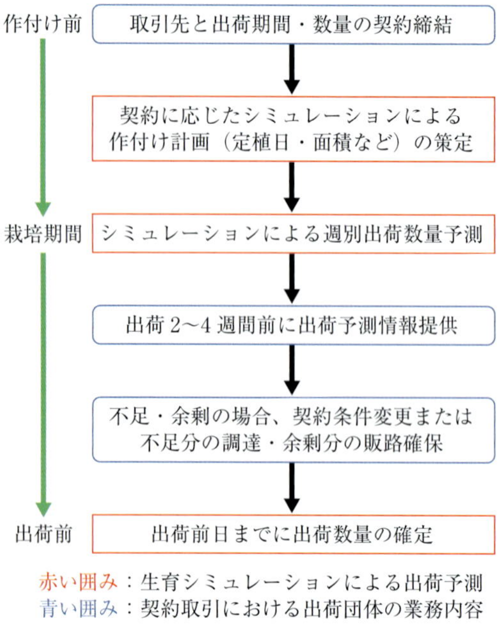

作付け前
取引先と出荷期間・数量の契約締結
契約に応じたシミュレーションによる
作付け計画（定植日・面積など）の策定
栽培期間
シミュレーションによる週別出荷数量予測
出荷 2〜4 週間前に出荷予測情報提供
不足・余剰の場合、契約条件変更または
不足分の調達・余剰分の販路確保
出荷前
出荷前日までに出荷数量の確定
赤い囲み：生育シミュレーションによる出荷予測
青い囲み：契約取引における出荷団体の業務内容

図4　露地野菜を対象とした「スマートフードチェーン」構築の概要

WAGRI の活用による出荷予測システムと需要予測システムとの連携

農業データ連携基盤の活用
産地サイド
実需サイド
生育モデル
モニタリング
気象データ
生産計画・実績
気象データ
需要モデル
POS データ
契約取引での
需給調整
出荷予測情報
需要予測情報
効率的な配送
ロス削減

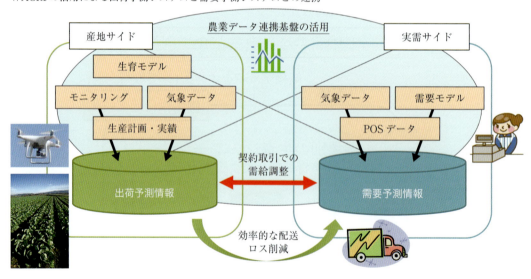

究課題において、著者らの研究グループが担当する課題では、露地野菜のうち特にキャベツとレタスを対象として、スマートフードチェーン構築とそのための精密な出荷予測システムの開発を行っている。その概要を**図4**に示す。農業データ連携基盤（WAGRI）を活用した産地サイドの出荷予測システムと実需サイドの需要予測システムとの連携により、契約取引における高精度な需給調整が実現される。さらに産地から消費地への効率的な配送による配送時間短縮や廃棄ロス削減などが可能となる。

Ⅲ部 研究編

除草ロボット

農研機構本部企画戦略本部　長﨑 裕司

除草ロボットとは

　除草ロボットは、雑草を認識して除草剤を局所散布するもの、遠隔操作や自律走行で草刈りを行うものに大きく分けられる。わが国においては、急傾斜のり面での雑草刈りを高精度かつ高能率で行える小型ロボットの早期実用化が期待されている。

何ができるか

- 傾斜40度程度の急傾斜のり面においても、遠隔操作により、人力（刈り払い機）作業の2倍以上の能率で作業ができる
- 刈り刃の種類により仕上がりは異なるが、人力作業と変わらない精度で草刈りが行える
- 駆動方式はエンジンまたはDC（直流）モーター、および両方式のハイブリッド型がある

　除草ロボットとは、広義では除草剤散布を行うものや、水田などを走行して踏圧や攪拌により雑草の発生を抑制するものなど多岐にわたるが、ここでは草刈りロボットを中心に解説する。

　草刈りロボットの開発には、家庭用のお掃除ロボットであるアイロボット社の「ルンバ」のように完全自動運転が可能なものを期待されることが多い。しかし、現状はハスクバーナ社の「オートモア」がロボット芝刈り機として普及しているにすぎない。わが国の農地での利用を想定した場合、多様な雑草種や傾斜のり面に適用する必要があることから、市販の草刈り機から派生した遠隔操作式での開発が先行して行われてきた。

　これらの主な取り組みを紹介するとともに、今後の研究開発の展望を示す。

ロボット芝刈り機の営農場面への展開

　ハスクバーナ社のオートモアは1995年に発売され、芝生管理に広く用いられている。わが国においても平たんな果樹園の下草管理への利用が試みられている。

　境界ワイヤーで囲まれた区画内をランダムに走行して、刈り高さ2〜6cmの低い草高を維持できるよう作業を行う。不整形な圃場でも自動作業を行うことが可能だが、不測の事態（降雨後のぬかるみ、摘果された果実の放置など）への対応は課題とされている。また、同様の構造で雑草刈りに対応し、緩傾斜で利用できる国内メーカーのロボット草刈り機も市販化に向けた動きがあり、一定の割合での普及が期待される。

のり面草刈りの現状と開発方向

　わが国の水田農業を中心とした営農場面において、畦畔やのり面の草刈りは栽培管理に直接関係する作業ではないものの、草刈りを怠ることで病害虫の発生を助長し景観面でも問題があるとされている。また、茅場として

刈り草を野菜や果樹、茶のマルチとして利用する場合もあり、草刈りは営農において必須の作業となっている。

これまで草刈り作業の多くを担ってきたのは、約60年前に開発された刈り払い機である。小型・軽量化が進んだことから高齢者や女性でも容易に取り扱えるという特長がある（**写真1**）。一方で、刈り払い機による農作業事故は依然として多く、農作業安全と作業負担の軽減の観点から各種草刈り機が開発されてきた経緯がある。

傾斜20度程度までであれば、座り姿勢で作業ができる4輪駆動の乗用草刈り機が適用でき、作業能率も刈り払い機の10倍以上の高速作業が可能である（**写真2左**）。ただし、安全面から適用可能傾斜を超えての使用は避ける必要がある。なお、立ち姿勢で乗車可能なクローラタイプの大型草刈り機もあり、傾斜40度程度まで適用できる（**写真2右**）。刈り幅が1.5mと広いことから、より高能率に作業が行えるものの、車両重量が1.5tもあることから地耐力が十分に確保できる河川のり面などでの使用に限定される。

なお、傾斜30度を超える条件では、スイング式のり面草刈り機のように、作業者は足元の条件が良いのり面の天端などから長さ2m程度のハンドルを介して操作できるものも普及している。

よって草刈りロボットの開発においては、作業負担が大きく足場の悪い急傾斜のり面に立ち入って行う作業を解消でき、傾斜45度ののり面（圃場整備において切り土のり面で標準的な勾配1：1に相当）上を自走して、刈り払い機と同等の精度かつ2倍以上の能率で作業できるものの開発が求められる。

前述したスイング式については、刈り幅が0.5m程度であることから、精度・能率とも刈り払い機と同等にとどまっている。刈り幅を広げることで能率向上を図れるが、軽トラックに積載可能（荷台寸法が幅1.4m×長さ2.0m、最大積載量350kg）な仕様とする観点から、刈り幅は1m程度までとすることが現実的である。

また、急傾斜のり面においても自律走行作業が行える草刈りロボットの開発が必要だが、走行制御を行うためのGNSS（衛星測位システム）やIMU（慣性計測装置）の精度

写真1　刈り払い機による急傾斜のり面での作業

写真2　乗用草刈り機によるのり面での作業例

向上と低コスト化により、今後5年程度をめどに実用化が図られることが期待される。

遠隔操作式の草刈りロボット開発事例

遠隔操作式の草刈りロボットとして、傾斜地での走破性に優れるクローラ式で、電動の走行部を有する小型機が開発されている（**写真3**）。左右のクローラを各400W出力のDCモーターで駆動させることにより、機体質量が200kgまでであれば傾斜40度ののり面での登降坂、等高線走行を安定して行える。草刈り部については刈り払い機のエンジンと駆動系を流用したロータリ式の2連配置とし、刈り刃については安全性を考慮してナイロンコード刃を利用しているが、利用場面に応じて金属製のフリー刃を用いることも可能である。作業能率は1時間当たり6aの草刈りが行えることを確認している。遠隔操作の支援機能として、傾斜面での等高線方向の走行時に機体が傾斜下方にずれ落ちることを防ぐよう、傾斜下方のクローラの回転速度を自動的に増速する機能なども付加されている。

また、ならい走行または遠隔操作で水田畦畔の草刈りを行う高機動畦畔草刈り機も開発されており、傾斜35度まで適用可能とされている。機体質量は90kgで、ロータリ式の2連配置の刈り刃（刈り幅）は各300WのDCモーターを駆動し、走行も250WのDCモーターで左右のクローラを駆動。90分程度の連続作業が可能とされている。

以上の草刈り機については刈り刃が機体の前方に配置されているため、走行部による踏み付けがない状態で草刈りが行える。

一方で、2019年時点で農地のり面に適用可能な市販機が複数メーカーから上市されつつある。走行部が車輪式のものについては、機体中央にロータリ式の刈り刃を配置したものが多く、刈り幅は0.5〜1.0mで、等高線走行による往復作業時に旋回を行わずに作業できる特長がある。これらの草刈りロボットが普及する過程で急傾斜のり面への適用が進むことを期待したい。

小型水田用除草ロボットの現状

わが国の水稲作では除草剤による雑草管理が広く普及しているが、有機農業志向から機械除草技術の開発が取り組まれている。乗用管理機による機械除草に対して能率面では劣るものの、稲株列を画像認識して自動走行しながら条間の除草が行える「アイガモロボット」も開発されている。

市販化・普及のためには低コスト化が必要であるものの、生育初期の機械除草については技術的に確立している。また、たん水した

写真3　遠隔操作式の草刈りロボットの一例

写真4　芝植生転換のり面(左)と雑草優先のり面の違い

田面を攪拌することにより雑草の定着や光合成を阻害する効果が期待できることから、お掃除ロボットのイメージに近い超小型除草ロボットの開発も今後進むことが期待される。

自律走行ロボットの実用化に期待

各種除草ロボットを導入するに当たり、効率的利用ができるよう導入基盤を整えることも重要である。

例えば、のり面の植生を草高の低い芝に転換することで、効率的な草刈り作業を行うことが可能である(**写真4**)。また、圃場やのり面に関する属性情報(面積、形状、傾斜度など)を地理情報システム(GIS)で管理する研究開発も進められており、営農法人での運用を想定した基盤技術も整備されつつある。

近年、ドローンに搭載可能な高精度RTK-GNSSが普及するなど受信機の小型化と低コスト化が進んでいることから、除草ロボットの自律走行にも活用されることが期待される。急傾斜のり面走行時には衛星測位精度の低下が懸念され、信号受信環境が劣る山間地での運用方法を確立させる必要があるものの、衛星測位を用いた高精度の位置情報配信サービスが開始されることから、近い将来には同方式による除草ロボットの自律走行が実用化されるものと期待される。

Ⅲ部 研究編

マルチロボット

北海道大学　野口　伸

マルチロボットとは

マルチロボットとは1人で複数のロボット農機を監視するシステム。複数のロボットを同時に使用するので作業能率は格段に向上する。例えば、2台以上のロボットによる協調作業で、人間は自動運転のロボットに搭乗し、ロボット群の監視をすることが任務となる。もう一つは、複数のロボットが飛び地の複数圃場で作業している環境下で管制室から遠隔でロボット群の作業を監視する。機械の大型化に限界が見えてきた欧米でも関心が高い。

何ができるか

・農機の運転がうまくなくても大丈夫
・耕運作業、代かき作業などを複数のロボット農機で同時作業
・耕運作業と施肥播種作業の協調作業を一人で行える
・コントラクター、複数の農家で共有、レンタル、リースなどの使い方になる

1人で複数のロボット農機を監視

ロボット農機の将来展望の一つが1人で複数のロボット農機を監視する「マルチロボット」である。ロボット導入による生産性向上に有効な農業ロボットの進化方向といえる。

マルチロボットは1圃場内を複数のロボットが協調して作業する方式（協調型マルチロボット）と複数の圃場でロボット農機がそれぞれ独立して作業し、その作業状況を遠隔で監視する方式（分散型マルチロボット）がある（**図1**）。このマルチロボットは大規模農業を実践している欧米も注目している。これは、欧米がこれまで進めてきた農機の大型化に限界が見えてきたからである。本稿ではマルチロボットの概念とそのメリットを解説する。

協調型マルチロボット

1圃場を複数のロボットが協調して作業する方式のポイントは、安全確保のためにオペレーターが1台のロボットに搭乗し、ロボット群の監視を行うことになる。このシステムの場合、複数のロボットを同時に使用するので作業能率は格段に向上する。また、運転操作が必要でないため高齢者や女性、初心者などでもオペレーターとしての役割を果たすこ

図1　マルチロボットの使い方

協調型マルチロボット

分散型マルチロボット

小型軽量 — 高い安全性／良好な土壌環境

とができる。

■有人トラクタから無人トラクタを監視

目視監視下で使われるロボットトラクタが農機メーカー各社から2018年に商品化された。その1つの使い方にオペレーターの操縦による通常のトラクタと無人トラクタによる協調作業がある。この使用法はオペレーターがロボット作業を監視しながらトラクタの運転操作することが要求され、かなり厳しい作業環境を強いることになる。本来、安全性の点からはオペレーターは運転操作なしで2台の作業監視に集中できることが望ましい。

2台のロボットが協調作業する中で、前方のロボットが整地作業を行い、後方のロボットが施肥・播種作業を行う使用法がある。ロボットの走行停止・再開、走行速度の変更、耕深の調節などは後方のロボットに搭乗したオペレーターから遠隔操作できるので圃場の状態に応じた作業設定ができる。また、肥料・種子の施用量や残量など確認もできる。

■使用台数に比例して作業能率が向上

この協調型マルチロボットは使用台数にほぼ比例して作業能率が向上し、使用台数は使用者が任意に決めることができる。写真は3台の編隊を組んだロボットトラクタをオペレーターが搭乗監視している風景である。このような協調型システムは、大規模経営では規模拡大に対してトラクタなど農機の大型化によらず、今使っている使いやすい馬力のロボットトラクタの台数を増して対応すること

になる。各機械を大型にしないので、所有している作業機も継続使用できるので初期投資が抑えられるのも魅力である。

当然、個々の圃場の大きさや作業の進捗(しんちょく)に合わせて台数を変更して作業する。他方、本州の集落営農では、マルチロボットを使用して作業の進捗に応じて農家がロボットを貸し借りして柔軟な作業体系を組むことができる。

分散型マルチロボット

もう一つのマルチロボットの使い方は、複数の圃場でロボット農機が独立して作業する分散型である。分散型マルチロボットの実現には遠隔監視できるシステムが必要であるが、この分散型の特長は複数の無人機の作業を離れた所から監視し、圃場間の移動も無人で行う点にある。日本農業の大規模化の特徴として、一般に農地の分散を伴うことが多い。すなわち、離れた農地でロボット農機が同時に無人作業できないと作業効率の大幅な向上は望めない。

■管制室から複数のロボット監視

遠隔監視による分散型マルチロボットは、図2のように地域内で複数のロボットに同時作業させるシステムである。ロボット管制室にいる1人のオペレーターが複数のロボットを監視するため、人手不足の解消に大きな効果を有する。ロボット農機のレンタル、リース、作業受託など農家をサポートする新たなロボットビジネスが生まれることになろう。

ただし遠隔監視にはテレコントロール・データ伝送とロボット周辺画像のリアルタイム伝送が必要である。だが、現状では周辺画像の低遅延な(ネットワークの遅延が少ない)無線伝送・高速大容量通信に問題を抱えている。しかしながら画像圧縮技術の高度化、5G(第5世代移動通信システム)、地域で5Gを活用する「ローカル5G」の社会実装が始まると小型トラクタがロボット化し、この分散型マルチロボットのアイデアが中山

写真　協調型マルチロボットを監視するオペレーター

図2　分散型マルチロボットの遠隔監視のイメージ

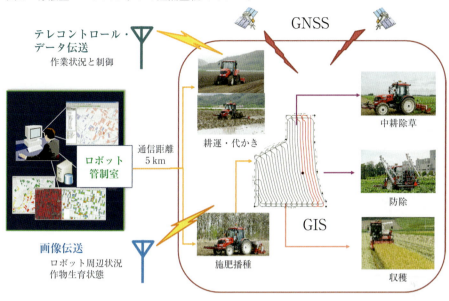

間地域を含めて日本農業を大きく変える可能性がある。

1台の馬力から台数、面から点へ

農業の近代化は「機械の大型化」の歴史であった。農家1人当たりの食料生産・供給の増大が、他の人を農業以外の産業に従事させることを可能にし、現在の人類の豊かさを生み出している。この原動力が「農業の機械化と大型化」で、これが農業の大規模化を可能にした。

しかし、前述のように近年、機械の大型化という食料生産戦略に限界が見えてきたことから、EUにおいて、図3のような小型のロボットが群で協調しながら精密・高効率に作業を行うマルチロボットの概念設計が始まった。圃場規模に対する対応は"1台の馬力"ではなく、小型ロボットの"台数"になる。

また、この小型ロボットは農地を面的に均一に管理する従来農法から作物を個体レベル

図3　マルチロボットによる未来の農業

で精密に管理する農法に変える。すなわち、「面」の農業から「点」の農業への転換である。この個体管理に基づいた農法を導入することで、例えば除草剤散布量は99.9％まで削減できる。当然、このシステムのキーテクノロジーは高精度測位技術であることは言うまでもないが、フィールドロボットによる農業の究極の姿ということができる。

Ⅲ部 研究編

欧米における畑作用小型ロボット

北海道大学　野口　伸

小型ロボットとは

　地球規模の食料需要の増加、生産コストの抑制、農薬や燃料など石油エネルギーの多用による地球環境問題から農業のロボット化は世界的に注目されている。近年、欧米における農業ロボット開発は活発である。農薬・肥料散布など管理作業、圃場見回り作業、収穫作業ができる単機能で小型のロボットの開発が進められており、日本に導入可能なものもある。

何ができるか

・農薬使用量の節減に対する関心が高い中、ロボットによる除草剤の精密散布が可能。雑草を土中に埋没させるといった除草剤フリーのロボットも開発中
・小型ロボットを使用し、作物生育状態などを確認する「圃場見回りロボット」を開発中。作物の栄養ストレスなどさまざまなフィールド情報をマップ化できる
・2017年にイギリス・ハーパーアダムス大学において完全無人農場プロジェクトが行われた。耕運、播種、防除そして最後の収穫まで全作業を無人で行う実証試験だった

省エネで低接地圧の小型ロボットへ

　農業における労働力不足は欧米など先進諸国も同様である。農業従事者の減少、特に技術を有した人材の不足が問題になっており、国際的に人に代わるロボットのニーズが高まっている。

　他方、大規模農業を実践している欧米では大型機械による土壌踏圧が作物の生育環境を悪化させ、その対策として不可欠な心土破砕作業の消費エネルギーが増大している。EUの調査では農業生産に使用される石油エネルギーの90％が心土破砕に費やされ、石油エネルギー消費拡大を引き起こしている。また、近年の異常気象により降水量が増加し、圃場の地耐力が低下しトラクタ作業ができない日が増え、農作業に支障が出てきた。さらに大型トラクタの車幅も限界に達し、欧州では法規制により大型トラクタが道路走行できない国も存在する。

　このような状況から複数の小型ロボットの設計思想は日本にとどまらず欧米でも関心が高い。最近は農薬・肥料散布など管理作業、圃場見回り作業、果樹収穫作業などの単機能な小型ロボットの開発が盛んである。欧米におけるロボット化の基本概念は「作物に適した新規のロボットシステム」である。つまり、慣行の農機ではできない作業、作業コストが高い作業、作業時間が長い作業に対するロボット技術である。また、省エネルギーや低接地圧、高い費用対効果、高い安全性が基本要件であり、そのため軽量・小型で自律システム、メンテナンスが容易、天候に影響されない農業ロボットの開発を目指している。こ

のような理由から欧米では近年、安全性にも優れた小型ロボットの開発が数多く見られる。

本稿では、日本にも導入の可能性がある欧米の農業ロボットの開発動向について解説したい。

除草剤施用ロボット

大規模農業では除草剤使用量が多く、除草剤の環境影響・健康被害への懸念、そしてその節減による経営改善効果から精密な除草剤散布が可能なロボットはニーズがある。実際に現在普及している通常の防除機の性能は、除草剤が雑草に付着する割合は5％以下で、散布農薬のほとんどが利用されていない状況にあるとされている。

■スポット散布防除機をアメリカで開発中

そのような背景からBlue River社（アメリカ）は、**図1**に示したようにコンピュータービジョンによって作物と雑草を識別して、雑草にだけ除草剤を散布するロボットを開発している。機械学習と画像認識によってロボットが雑草を正確に認識して除草剤を雑草にスポット散布するスマート防除機である。

■ドイツでは土に雑草を埋め込むロボット

Deepfield Robotics社（ドイツ）は**写真1**に示したような、除草剤を使用しないで雑草を土中に埋め込むロボットを開発している。このシステムの場合、除草剤を全く使用せ

写真1　雑草埋没式の除草ロボット（Deepfield Robotics、ドイツ）

写真2　軽量・太陽電池仕様の除草ロボット（Ecorobotix、スイス）

ず、「除草剤フリー」として農作物に付加価値を付けられるメリットもある。

レーザービジョンシステムによって雑草を検出し、直径1cmのシリンダで雑草を土中に埋め込む。1秒間に雑草2個体処理することができる。にんじん畑で試験した結果、約90％の雑草を除去できたとの報告はあるが、作業速度の改善が大きな課題である。

■スイスでは軽量・太陽電池ロボを商品化

Ecorobotix（スイス）は**写真2**のような超軽量、太陽電池仕様の除草ロボットを商品化している。除草作業は耕運作業とは異なり、軽負荷であるので小型ロボット向きである。

これらロボット技術を活用することで前述のように農薬使用量の大幅削減が達成できるとともに夜間作業もできるメリットがある。

圃場見回りロボット

栽培中の作物の生育状態や土壌状態を把握することは生産性を向上させる上でも重要で、圃場観察を自動で行うロボット開発も盛んである。特に数百ha規模で大規模化が進んだ

図1　コンピュータービジョンによる作物と雑草の識別（Blue River、アメリカ）

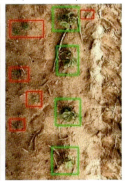

（緑：作物、赤：雑草）

図2　圃場見回りロボット

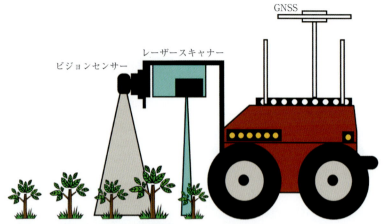

(a) 圃場見回りロボットの一例

(b) ロボットにより取得されるデータ

欧米では農家の圃場見回りも容易ではない。

見回りロボットは自動で圃場内を走行し、作物の生育情報を取得してマッピングする機能を有する。この圃場観察は耕運など農作業をするわけでないので、作業機のけん引など大きな力を必要とせず、機械を大型化する必要がないのでロボット向きの作業である。

図2（a）は圃場見回りロボットの一例である。自律走行と生育状況のマッピングのために、RTK-GNSS、レーザースキャナー、ビジョンセンサーを搭載している。その撮影画像から**図2**（b）にあるような作物個体識別、投影葉面積を検出して、マッピング表示できる機能を有する。農家はこのマッピングされた結果に基づいて追肥、農薬散布などの管理作業の計画を立てることになる。

次世代の圃場見回りロボットには、以下の機能が期待されている。

・作物体から発生するエチレン濃度測定により作物のストレス検出

・揮発性有機化合物測定による害虫被害の検出

・草丈による生育速度測定

・マルチスペクトルカメラによる作物栄養状態検出

・収穫前に作物収量と品質の推定

・圃場空間の3次元マッピング

この中には作物のストレスや食害を作物から生成される二次代謝物や揮発性物質の測定により検出する機能、圃場空間のバーチャルリアリティー化などのアイデアが含まれている。実用化にはまだまだ時間がかかるが、未来の農業を予感させるのに十分なロボット技術である。

また近年は作業効率の点からドローンをプラットフォームとした圃場見回りロボットの開発が増えてきている。高い作業効率に加え近接で高解像度の画像情報収集ができるドローンを利用した飛行ロボットは今後も増え続けるだろう。他方、ヨーロッパでは農業の

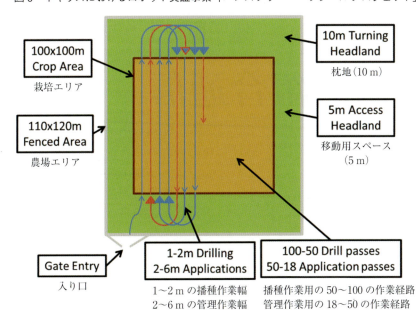

図3 イギリスにおけるロボット実証事業「ハンズフリー・ヘクタールプロジェクト」

ロボット化が移民をはじめ人の仕事を奪っていると非難する意見があるのも事実で、ロボットの社会的受容の醸成も今後の課題である。

イギリスで完全無人農場の実証試験

2017年にイギリス・ハーパーアダムス大学において完全無人農場プロジェクト「ハンズフリー・ヘクタールプロジェクト」が行われた。耕耘、播種、防除そして最後の収穫までの全作業を無人で行う実証試験である。

図3の100m×100mの圃場内に秋まき小麦を栽培した。枕地部分と移動経路部分を確保して110m×120mのエリアが農場で、そのエリアには人が立ち入らないことを前提とした。実証試験ではRTK-GNSSを航法センサーとした小型無人トラクタ、無人コンバイン、土壌サンプリングロボット、ドローンが供試された。10月の無人トラクタによる耕耘作業から始まり、播種作業、追肥作業、防除作業、そしてコンバインによる収穫作業まですべて無人で行った。その間、ドローンを使用した作物生育状況のマッピングや夜間作業も行っている。

この実証プロジェクトの特徴は、供試したトラクタがイギリスでは使われることのない小型の日本製トラクタを無人機に改造したものであった点にある。これは安全性の観点とロボットのメリットであるオペレーターが不要であるということから規模拡大をロボットの大型化によらず台数の調整で対応するロボット開発戦略に基づいている。

AI技術の進展が重要に

地球規模の食料需要の増加、生産コストの抑制、農薬や燃料など石油エネルギー多用による地球環境問題から農業のロボット化は国際的に注目されている。しかし、実用化し普及しているロボットはまだ少ない。これは農業が工業と異なり、作業環境の複雑性と作業対象のばらつきが技術的に難しくしているからである。このように規格化できない作業環境と作業対象への技術的対応には人工知能(AI)が有効で、近年多くの農業ロボットに採用されている。このAI技術の進展が今後の農業ロボットの高度化に重要な要素になろう。

「主要記事見出し」をHPで更新中！ http://www.dairyman.co.jp
電子版でより早い情報を提供

電子版 北海協同組合通信

北海道農業の専門紙として長く購読されてきた日刊「北海協同組合通信」。電子版になった現在も、北海道の農業と農協に関するタイムリーな情報を日々配信しています。

パソコンやタブレット、スマートフォンなどで手軽に閲覧でき、印刷も可能です。

購読料（月額）7,000円＋税

北海道の農業

年1回発行
農業をめぐる情勢とデータをひとまとめ

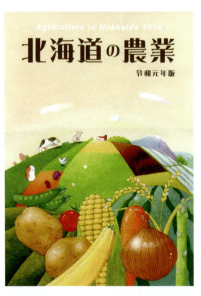

● 見て
● 読んで
● わかりやすい

北海道農業をとことん知り尽くすにはこの一冊！

【主な内容】
食の安全・安心
国際貿易交渉と外国人材
北海道農業の特徴／地位
農地の動向と土地利用
農業経営／農業担い手の動向
女性・高齢者　地域農業支援組織
稲作　畑作　園芸・他
酪農　畜産　クリーン農業
農産物の流通・加工・販売
農業・農村整備
農業技術の開発・普及
農協と農業関係団体　他

北海道農業発展史年表
主要農業統計
農業施設案内
資料付き

A4判　60頁
定価　本体価格1,200円＋税
送料　300円

株式会社 北海道協同組合通信社
デーリィマン社　　管理部

☎ 011(209)1003
FAX 011(271)5515
e-mail　kanri@dairyman.co.jp

※ホームページからも雑誌・書籍の注文が可能です。http://dairyman.aispr.jp/

ニューカントリー 2019 年秋季臨時増刊号
スマート農業の現場実装と未来の姿

令和元年 11 月 1 日発行
発行所　株式会社北海道協同組合通信社

■札幌本社
〒060-0004
札幌市中央区北4条西 13 丁目1番 39
TEL 011-231-5261　FAX 011-209-0534
ホームページ　http://www.dairyman.co.jp/

［編集部］TEL 011-231-5652
E メール　newcountry@dairyman.co.jp

［営業部（広告）］TEL 011-231-5262
E メール　eigyo@dairyman.co.jp

［管理部（購読申し込み）］TEL 011-209-1003
E メール　kanri@dairyman.co.jp

■東京支社
〒170-0004
東京都豊島区北大塚 2 丁目 15-9　ITY 大塚ビル 3 階
TEL 03-3915-0281　FAX 03-5394-7135

［営業部（広告）］TEL 03-3915-2331
E メール　eigyo-t@dairyman.co.jp

発行人　新井　敏孝
編集人　木田ひとみ

印刷所　株式会社アイワード

定価 3,619 円+税・送料 205 円
ISBN978-4-86453-068-2 C0461 ¥3619E
禁・無断転載、乱丁・落丁はお取り替えします。